AF453675

MONOGRAPHIE

DU

GENRE FREYANA (HALLER)

ET DESCRIPTION DES

ESPÈCES NOUVELLES DU MUSÉE D'ANGERS

PAR

LE D' E.-L. TROUESSART

VICE-PRÉSIDENT DE LA SOCIÉTÉ D'ÉTUDES SCIENTIFIQUES

ET M. P. MÉGNIN

MEMBRE CORRESPONDANT

Les Acariens du genre *Freyana*, que nous plaçons en tête de la sous-famille des Sarcoptides Plumicoles (*Analgesinœ*), comprennent les espèces qui, par leur forme générale, se rapprochent le plus des Sarcoptides psoriques. Un seul caractère constant les sépare du grand genre *Pterolichus* dont ils sont un démembrement : *les deux paires de pattes postérieures ont leur insertion sous-abdominale* (et non *latérale*). — La forme du corps est, du reste, tout aussi variable que dans ce dernier genre, comme le montrent les nombreuses espèces nouvelles que nous décrivons ici. Le plus souvent orbiculaire, ovale ou arrondie, quelquefois oblongue ou allongée ; l'abdomen n'est entier, chez les mâles, que dans l'espèce type et celles qui s'en rapprochent le plus. Très souvent il se prolonge en deux lobes quadrilatères ou plurilobulés, et même, chez les espèces dont l'abdomen est entier, cette disposition se retrouve sur la plaque notogastrique qui figure deux lobes analogues, mais non saillants en arrière de l'anus. — On trouve, du reste, tous les intermédiaires entre ce genre et le genre *Pterolichus* (le sous-genre *Crameria*, par exemple).

La forme et la disposition des poils qui garnissent
l'extrémité abdominale servent à caractériser les espéces,
et dans chaque espéce à distinguer les sexes et les âges.
Ces poils sont aux nombre de quatre à six paires, celle que
nous appelons la *première* étant toujours la plus rapprochée
de l'anus. Ces poils sont d'ordinaire plus ou moins aplatis,
courts, lancéolés, en forme de feuille, de lame de sabre, de
dague ou de simple piquant ; ceux de la 2e et de la 3e paire
restent seuls généralement longs et normaux, tout au plus
aplatis et lancéolés à leur base, dans quelques espèces.

On peut diviser ce genre en 4 sous-genres d'après la
forme du corps (*Freyana*, *Halleria*, *Michaëlichus* et *Micros-*
palax).

Sous-genre **Freyana** Haller, 1877.

Corps de forme orbiculaire ou ovalaire, jamais très
allongé, à peine plus long que large.

A. *Espèces à pattes longues, cylindriques et plus ou*
moins grêles, à abdomen entier chez le mâle. — Vivent sur
les échassiers des génres Ibis, Grue et Cigogne.

Freyana chorioptoïdes, *n. sp.* (fig. 1).

Taille inférieure à celle des autres espèces : de forme
orbiculaire, arrondie, presque aussi large que longue ; six
paires de poils à l'extrémité de l'abdomen qui est légèrement échancré en arrière de l'anus : premier poil (anal)
court, lancéolé, dirigé obliquement en dedans vers son
congénère ; 2e et 3e normaux, longs, à base élargie en
dedans en forme de harpon ; 4e et 5e courts, lancéolés, en
forme de dague ; le 6e sur les flancs, semblable aux deux
précédents. Plaque noto-gastrique ponctuée en forme de
crible ; rostre conique, aussi large que long, à moitié recouvert par le prolongement du camérostome ; sillon des flancs
figurant une échancrure profonde et anfractueuse, avec un
poil court et un poil un peu plus long en arrière de son
bord postérieur.

Mâle presque rond, avec l'abdomen légèrement tronqué et
échancré, de manière à figurer, de chaque côté de l'anus, deux

lobes demi-circulaires dont les ventouses copulatrices occupent
le centre ; plaque notogastrique légèrement échancrée sur les
flancs en arrière du 6° poil ; lame transparente des flancs très
petite ou nulle.

Femelle fécondée en ovale court, plus allongée et plus grande
que le mâle, non tronquée en arrière et à échancrure plus petite ;
plaque notogastrique sans échancrure latérale ; vulve en V renversé, surmontée d'un sternite vulvaire en arc qui relie les extrémités postérieures des épimères de la première paire de pattes.

Dimensions : Mâle, long., 0ᵐᵐ 35 ; larg., 0ᵐᵐ 27.

Femelle, — 0ᵐᵐ 40 ; — 0ᵐᵐ 32.

Remarque. — Par sa forme courte et arrondie, cette
espèce rappelle plus qu'aucune autre les Sarcoptides psoriques en général et le *Chorioptes spatiferus* (Mégnin), en
particulier ; de là le nom que nous lui avons donné.

Habitat. — Sur l'Ibis caronculé (*Bostrichia carunculata*)
d'Abyssinie (Choa).

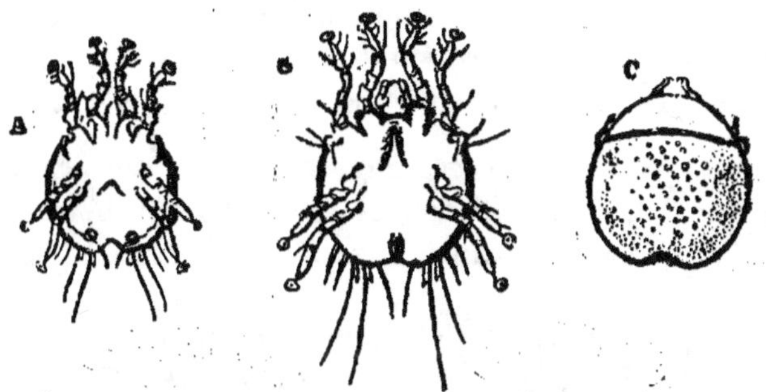

Fig. 1. — *Freyana chorioptoïdes* **Még** et Trt.
A mâle ; B femelle (faces ventrales) ; C la même (face dorsale).
Grossissement : 50 diamètres.

Freyana gracilipes, *n. sp.* (fig. 2).

En ovale court, plus large postérieurement, avec les
flancs droits : d'un roux foncé, avec les plaques de renforcement des épimères (*glandes chitinogènes*) d'un rouge vif ;
rostre cordiforme, plus large que long, presque entièrement
recouvert par le prolongement du camérostome. Pattes
longues, grêles, cylindriques ; un tubercule quadrilatère

saillant en dehors au 3e article des deux premières paires. Abdomen entier portant six paires de poils : le premier (anal) court, grêle, lancéolé ; les 2e et 3e longs et normaux ; les 4e et 5e courts, lancéolés, ce dernier plus grêle et accolé à l'autre dans un même plan vertical ; le 6e sur les flancs, court, lancéolé. Tous ces poils en forme de dague simple, non élargis en forme de feuille. Lame transparente des flancs médiocre et peu saillante.

Mâle très peu différent de sa femelle : plaque notogastrique profondément échancrée au niveau des ventouses copulatrices, qui sont petites, de manière à figurer deux lobes sécuriformes élargis en arrière. Organe génital en cône allongé, à base échancrée en plein cintre, avec un prolongement pyriforme au centre, à sommet allongé se terminant par un long pénis en forme d'alène, replié sous le ventre et dirigé en arrière. Les deux paires de poils dorsaux insérés *en arrière* de la plaque de l'épistome.

Femelle fécondée à plaque notogastrique entière et sans échancrure ; vulve en V renversé, surmontée d'un sternite en arc reliant les épimères de la première paire de pattes.

Dimensions : Mâle et femelle, long., 0ᵐᵐ 52, larg., 0ᵐᵐ 38.

Habitat. — Sur la Grue Antigone (*Grus Antigone*) de l'Asie orientale (Cochinchine), et sur le Jabiru (*Mycteria senegalensis*) d'Afrique (Nil Blanc).

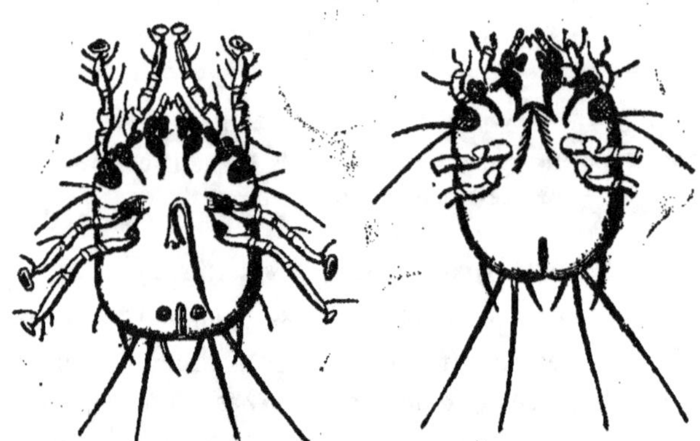

Fig. 2. — *Freyana gracilipes* Mégn. et Trt.
Mâle et femelle (gross. 50 diam.)

Freyana pelargica, *n. sp.*

Semblable au précédent, mais d'un gris roussâtre pâle avec les épimères à peine plus foncés ; un tubercule anguleux ou *épineux*, saillant en dehors, au 3e article des deux premières paires de pattes. Poils abdominaux comme dans l'espèce précédente.

Mâle à corps ovale, un peu atténué postérieurement, *échancré en arrière de l'anus;* plaque notogastrique échancrée sur les flancs et en arrière, figurant deux lobes quadrilatères. Organe génital triangulaire, à sommet mousse, à base fortement échancrée.

Femelle ovale, sans échancrure postérieure, à plaque notogastrique entière; vulve et sternite vulvaire comme dans l'espèce précédente.

Dimensions semblables à celles de l'espèce précédente, mais plus élancée.

Habitat. — Sur les Cigognes (*Ciconia alba, C. nigra, C. maguari*), d'Europe et d'Amérique.

B. *Espèces dont l'abdomen du mâle, se termine par deux lobes quadrilatères ou plurilobulés ; pattes épaisses, coniques, plus courtes que chez les précédents.* — Sur les échassiers des genres Ibis et Spatule.

Freyana Halleri, *n. sp.* (fig. 3).

De forme ovale, d'un gris roussâtre avec les épimères faiblement teintés de jaune ; rostre conique, plus long que large, entièrement découvert. Pattes des 2e et 3e paires un peu plus longues que les autres ; un fort piquant à pointe obtuse sur le bord externe du second article de la 2e paire ; pas de tubercules en forme de manchette ; ventouses larges, à bord du disque festonné ou dentelé.

Mâle très différent des autres états, en ovale allongé, avec une échancrure postérieure et une échancrure latérale au niveau des ventouses copulatrices, de sorte que l'abdomen se divise en deux lobes quadrilatères dont chacun porte cinq poils plus ou moins modifiés, avec un sixième, en forme de feuille, en avant de l'échancrure latérale ; le premier (anal) court et en feuille, le deuxième plus long que le corps, à base lancéolée, le troisième en lame de sabre, un peu moins long, le quatrième et le cinquième en feuille, ce dernier plus petit que le précédent. Il existe une certaine asymétrie bilatérale dans la forme et la disposition de ces appendices. Grand poil des flancs, en arrière du sillon thoracique, moins long que le corps n'est large, mais *plus développé à droite* où il est aplati en lame de sabre, précédé d'un poil plus court, normal, et surmonté d'un autre très petit. Lame transparente des flancs s'arrêtant à l'échancrure : plaque notogastrique échancrée sur les flancs et en arrière, couvrant tout l'abdomen. Épimères convergeant vers la ligne médiane mais sans se souder, sauf ceux de la première paire qui figurent un sternum en Y à branches très ouvertes, formant collier au rostre ; organe génital petit, conique, entre les épimères de la quatrième paire.

Femelle de forme ovale sans lobes ni échancrures ; abdomen

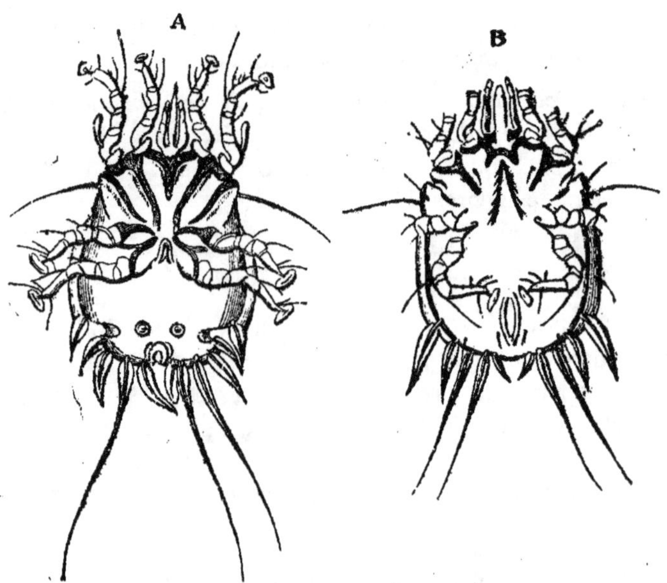

Fig. 3. — *Freyana Halleri* Mégn. et Trt.

A mâle ; B femelle. (Gross. 50 diam.)

portant de chaque côté de l'anus : un premier poil en feuille lancéolée à pointe oblique en dedans et croisée avec son congénère ; les deuxième et troisième longs, normaux, à base lancéolée ; les quatrième et cinquième en feuilles dont la dernière est la plus grande ; le sixième poil manque. Vulve en V surmontée d'un sternite en arc réunissant les épimères de la première paire.

Nymphes et femelles accouplées presque rondes, les plus *jeunes nymphes* et les *larves* très courtes, l'abdomen plus large que long, rappelant la forme de *Freyana chorioptoïdes*. La grande largeur des feuilles abdominales les distingue des nymphes et larves de l'espèce suivante.

Dimensions : Mâle, long., 0^{mm} 68 ; larg., 0^{mm} 44.
                 Femelle, —   0^{mm} 66 ;   —   0^{mm} 44.

Habitat. — Sur la Spatule rose (*Platalea ajaja*) de l'Amérique chaude (Guyanes).

Freyana horrida, *n. sp.*

En ovale court, d'un jaune pâle avec les épimères d'un roux ocracé. Un piquant à pointe dirigée en dehors sur le second article de la 2e paire de pattes.

Mâle très différent des autres états, à première paire de pattes munie d'un tubercule en forme de manchette au tarse. L'extrémité de l'abdomen divisée en deux lobes quadrilatères dont chacun se subdivise en plusieurs lobules secondaires et porte cinq poils plus ou moins modifiés, avec un sixième sur les flancs, en avant de l'échancrure qui précède chaque lobe. Ces lobes, ainsi que les poils, sont *fortement asymétriques*, toujours *plus développés à droite* qu'à gauche. Du côté droit, le grand poil qui suit le sillon thoracique, est au moins aussi long que le corps est large, dilaté en forme de faux, coudé à angle obtus vers son milieu, avec deux tubercules à ce coude, et son extrémité est dirigée en arrière ; le poil court qui précède est aplati en forme de hache à tranchant droit, avec deux pointes, l'une antérieure et l'autre postérieure. Lobe abdominal droit à trois lobules, dont celui du milieu très petit et ne portant qu'un seul poil normal ; les autres en portent chacun deux, dont les trois premiers normaux, le quatrième et le cinquième plus courts, aplatis, et le sixième, sur les flancs, en avant du lobe, lancéolé et à talon pointu. Du côté gauche, le grand poil du sillon est normal, à peine aussi long que la moitié de la largeur du corps, et le poil court qui précède est simplement subulé ; le lobe abdominal gauche a quatre lobules dont l'interne seul porte deux poils, les autres chacun un : les premier (anal), quatrième et cinquième sont aplatis en lame de sabre ou de couteau, le deuxième long et lancéolé, le troisième long et normal ; le sixième poil, en avant de l'échancrure des flancs, lancéolé, mais à talon obtus. Épimères convergents vers le centre et se soudant en forme d'étoile ; organe génital en cône allongé surmonté d'un pénis en alène rabattu sous le ventre ; lame transparente des flancs s'arrêtant à l'échancrure.

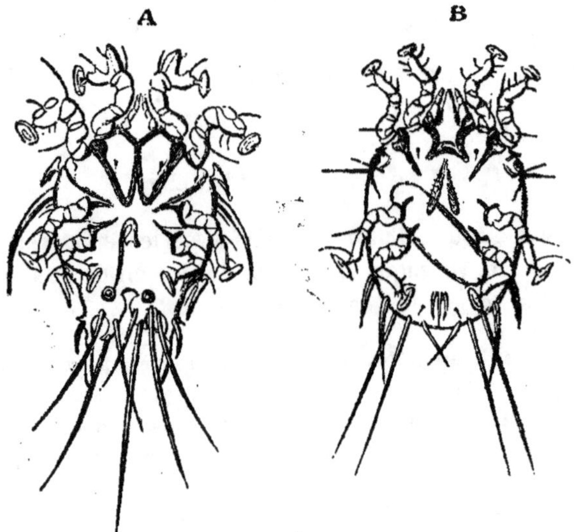

Fig. 4. — *Freyana horrida* Mégn. et Trt.

A mâle ; **B** femelle. (Gross. 50 diam.)

Nota. — Le dessinateur n'a pas bien rendu l'asymétrie qui caractérise cette espèce et notamment la forme du grand poil falciforme du côté droit du mâle.

Femelle en ovale régulier, sans échancrures ni lobes, l'abdomen portant cinq paires de poils : le premier (anal) court, lancéolé, obliquement croisé avec son congénère ; les deuxième et troisième longs, normaux ; les quatrième et cinquième, lancéolés ; le sixième manque. Vulve en **V** surmontée d'un sternite en arc réunissant les épimères de la première paire.

Nymphes en ovale plus allongé, à flancs moins arrondis que la femelle, les poils de la paire anale simplement subulés, parallèles et dirigés en arrière.

Dimensions : Mâle, long., 0^{mm}60; larg., 0^{mm}40.
Femelle, — 0^{mm}60; — 0^{mm}42.

Habitat. — Sur l'Ibis rouge (*Ibis rubra*), de l'Amérique chaude (Guyanes).

C. *Espèces de forme ovale (ou rectangulaire avec les angles arrondis), sans lobes abdominaux distincts, à pattes fortes, coniques et très courtes, surtout les postérieures.* — Sur les Palmipèdes lamellirostres (*Anatidæ*).

Freyana anatina *Haller* ex *Hoch.*

Dermaleichus anatinus, Koch, Deutschl. Arachn. Myr. Crust., 1840, fasc. 38, f. 23 ;

Freyana anatina, Haller, Zeitschr. fur Wiss. Zool., **XXX**, p. 81, pl. 14, f. 5-13.

Cette espèce vit sur les Canards et les Harles (*Anatinæ*, *Merginæ*), et parait cosmopolite. Elle varie beaucoup, et ses variétés, très difficiles à distinguer d'une façon précise, se rencontrent souvent réunies au nombre de deux ou trois sur le même oiseau. Les caractères qui séparent ces variétés sont, *chez le mâle* : la forme du corps plus ou moins large, les flancs arrondis ou droits et le développement de la feuille transparente qui les borde ; la manchette plus ou moins grande que porte la 2e et quelquefois les deux premières paires de pattes ; le plus ou moins de confluence des épimères ; enfin, la forme et la disposition des poils plus ou moins modifiés qui ornent l'extrémité de l'abdomen, et notamment du premier ou anal. — *Chez la femelle*, ce premier poil est aussi celui qut varie le plus : suivant les variétés il est *en cœur, en croissant* ou *en feuille,* ovale ou divisé en *deux lobes inégaux* avec une nervure oblique. La forme du corps varie moins que chez le mâle. — Les variétés les plus tranchées peuvent être caractérisées de la façon suivante d'après la forme du mâle :

Var. *a.* **Freyana anatina** *Haller*

(*loc. cit.* pl. 14, f. 5-13).

Type de l'espèce. — *Mâle* de forme quadrilatère à angles postérieurs arrondis et à flancs subparallèles ; lame transparente des
flancs élargie en arrière ; épimères confluents vers le centre et circonscrivant un espace sternal polygonal, large et ouvert en arrière.
Feuilles anales médiocrement développées, en forme de pied ou
de fer de tailleur, portées sur de petits lobes rudimentaires.

Dimensions : Mâle, long., 0ᵐᵐ 50 à 52 ; larg., 0ᵐᵐ 35.
        Femelle, — 0ᵐᵐ 55 ;   — 0ᵐᵐ 35.

Habitat. — Sur le Canard sauvage (*Anas boschas*) et
plusieurs autres espèces des genres *Querquedula*, *Oidemia*
et *Fuligula.*

Var. *b.* **Fr. anatina simplex**, *n. var.*

Mâle semblable au précédent mais plus allongé, ayant la forme
et les proportions d'une femelle ; lame des flancs étroite, épimères non confluents ; manchettes des pattes antérieures rudimentaires. — Mêmes dimensions.

Habitat. — Avec le type sur les Canards des genres *Anas*,
Querquedula, *Mareca.*

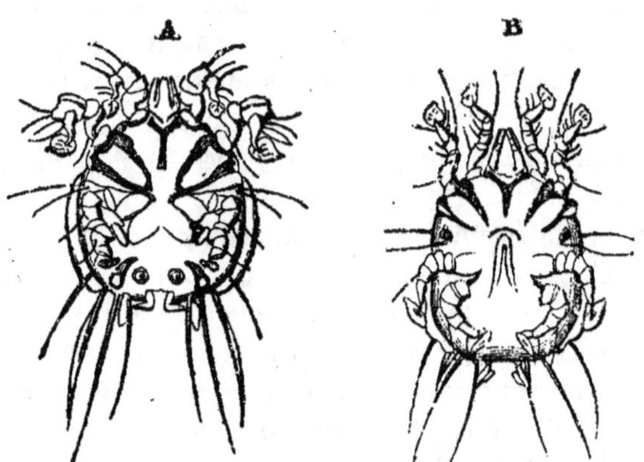

Fig. 5. — *Freyana anatina, Var. armata.*

A mâle ; **B** femelle (Gross. 50 diam.).

Var. *c.* **Fr. anatina armata**, *n. var.* (fig. 5).

Mâle à flancs très arrondis : lame transparente égale, médiocre ; épimères confluents et plus ou moins soudés ; espace sternal en losange ; quatrième poil abdominal allongé en lame de sabre ; manchette très développée surtout à la deuxième paire de pattes. — Mêmes dimensions.

Habitat. — Sur les Harles (*Mergus*) et les Canards des genres *Oidemia* et *Fuligula*.

Var. *d.* **Fr. anatina largifolia**, *n. var.*

Mâle en ovale court, presque rond, encore élargi par la lame des flancs qui est très développée et plus large en avant qu'en arrière ; épimères confluents et soudés au centre, circonscrivant un espace sternal étroit en forme de fer de lance ; quatrième poil abdominal court et large en forme de feuille ovalaire. — Mêmes dimensions.

Habitat. — Sur les Canards des genres *Chauliodus*, *Tadorna, Querquedula*.

Var. *e.* **Fr. anatina nettapina**, *n. var.*

Assez distincte des précédentes. — *Mâle* en ovale allongé avec deux très petits lobes triangulaires de chaque côté de l'anus qui se trouve ainsi au fond d'une échancrure carrée : poil de la première paire (anal) situé au sommet de chacun de ces lobes, aplati *en forme de fer de lance bifide*, la nervure se prolongeant dans le lobe principal qui est dirigé obliquement un peu en dedans et flanqué d'un plus petit lobe à pointe plus aiguë. Lame transparente des flancs bilobée, c'est-à-dire échancrée profondément dans son tiers postérieur à la hauteur de l'insertion du sixième poil abdominal. Manchette de la deuxième paire de pattes très développée. Épimères antérieurs confluents et soudés en forme de fer à cheval.

Femelle à feuille anale ovale avec la nervure près du bord interne, du reste semblable à celle du type.

Dimensions : Mâle, long., 0^{mm} 58 ; larg., 0^{mm} 30.
  Femelle. — 0^{mm} 48 ; — 0^{mm} 28.

Habitat. — Sur l'Oie naine de Madagascar (*Nettapus auritus*), de l'Afrique orientale. De même que dans le type, il existe aussi une variété, que l'on rencontre sur le même oiseau, et qui diffère par les flancs subparallèles, les épimères libres et non réunis par une pièce sternale en fer à cheval, et par la manchette rudimentaire.

Freyana anserina, *n. sp.*

Très semblable à la variété *simplex* de *Fr. anatina*, mais à feuilles abdominales rudimentaires et réduites à de simples piquants.

Mâle inconnu.

Femelle de forme rectangulaire avec les angles arrondis : lame transparente des flancs nulle ou rudimentaire; manchette rudimentaire mais à poil terminal et bien développé; plaque notogastrique échancrée largement de chaque côté en arrière, et sur la ligne médiane au-dessus de l'anus; poils de l'abdomen pas plus développés que chez les nymphes; le premier (anal) et le quatrième simplement subulés ou en piquant, les deuxième, troisième et sixième longs et normaux; le cinquième, très petit, situé sur le dos, au milieu de l'échancrure latérale de la plaque notogastrique.

Dimensions : long., 0^{mm} 50; larg., 0^{mm} 30.

Habitat. — Sur les oies et les cygnes *sauvages* (genres *Anser* et *Cygnus*); nous ne l'avons pas trouvée sur les variétés domestiques de ces deux genres. — Bien que le mâle soit encore inconnu, le caractère, en quelque sorte, *embryonnaire* que présentent les poils abdominaux, sépare d'autant mieux cette espèce de la précédente, que la plaque notogastrique est au contraire pourvue d'échancrures beaucoup plus marquées que dans aucune des variétés de *Fr. anatina.* — Ces particularités doivent se retrouver jusqu'à un certain point chez le mâle.

Sous-genre **Halleria,** *n. subg.*

Corps de forme allongée (au moins chez l'adulte), deux fois plus long que large, rectangulaire avec les angles pos-

*térieurs arrondis; pattes coniques, épaisses et courtes, sur-
tout celles des deux dernières paires.* — Sur les Flamands
(*Phœnicopterus*).

Freyana (Halleria) hirsutirostris, *n. sp.*

D'un brun rougeâtre très foncé, sans ligne plus claire
sur le dos, la plaque notogastrique joignant très exactement
la plaque de l'épistome; celle-ci portant en avant deux gros .
poils subulés, parallèles et accolés l'un à l'autre, couchés
horizontalement sur le rostre en guise de cornes dirigées
en avant. Pattes des deux premières paires munies d'un
fort piquant subulé sur le bord supéro-interne du troisième
article qui est dilaté en lame transparente sur son bord
externe où il porte un second piquant plus mince, dirigé
en arrière; un troisième piquant semblable et dirigé en
dehors sur le deuxième article. Sillon des flancs peu mar-
qué, immédiament derrière la deuxième paire de pattes;

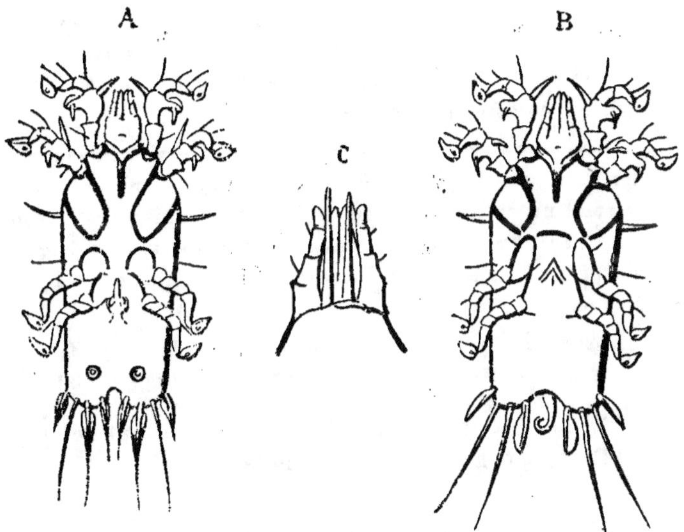

Fig. 6. — *Halleria hirsutirostris.*

A mâle ; **B** femelle (faces ventrales ; gross. 50 diam.) ; **C** rostre
(face dorsale ; gross. 100 diam.).

poil qui suit ce sillon en piquant aplati et plus court que la moitié de la largeur du corps; un second poil, grêle et normal situé beaucoup plus loin sur les flancs, un peu en avant de la troisième paire de pattes. Épimères libres, mais ceux de la deuxième paire soudés en forme d'Y dont les branches montantes forment collier au rostre. Une lame transparente très étroite sur les flancs.

Mâle, très peu différent de la femelle fécondée : abdomen terminé par deux lobes demi-circulaires dont les ventouses copulatrices occupent le centre, profondément échancré en arrière de l'anus; premier poil (anal), dilaté en forme de couperet à lame arrondie en dehors, avec la nervure sur le bord interne; deuxième et troisième normaux, longs comme la moitié du corps, le deuxième lancéolé à sa base; le quatrième lancéolé, plus court que le premier, dirigé obliquement en dehors; les cinquième et sixième manquent. Plaque notogastrique profondément échancrée sur les flancs, en avant des lobes abdominaux. Organe génital conique, à base large, situé entre les deux dernières pattes.

Femelle à poils abdominaux semblables à ceux du mâle, et présentant, en outre, au milieu de l'échancrure anale, un appendice impair, transparent, à sommet recourbé en crosse; vulve en V renversé entre les épimères de la troisième paire de pattes, surmontée d'un très petit sternite en arc.

Nymphes, plus courtes que les adultes, en ovale plus ou moins allongé, suivant l'âge, les plus jeunes étant les plus courtes, et ressemblant aux adultes des espèces du sous-genre *Freyana* proprement dit; présentant une plaque notogastrique bien développée, séparée par un large sillon incolore de la plaque de l'épistome.

Dimensions : Mâle et femelle, long., 0ᵐᵐ 80; larg., 0ᵐᵐ 35.
Nymphes , long., 0ᵐᵐ 50 à 70; larg., 0ᵐᵐ 30.

Habitat. — Sur le Flamand (*Phœnicopterus antiquorum*), de l'Europe méridionale et d'Afrique.

Sous-genre **Michaelichus**, *n. subg.*

Canestrinia, Mégn. et Trt. (*nec Berlese*), *Journal de Micrographie*, 1884, p. 150. *Corps allongé; l'abdomen bifide* (chez le mâle); *pattes postérieures courtes, coniques,* plus ou moins *sous-abdominales; poils de l'extrémité de l'abdomen normaux* (et non en feuilles).

Le nom de *Canestrinia* étant préoccupé (par M. Berlese, 1881), nous avons dû changer la dénomination de ce sous-genre. Nous le dédions à M. A. D. Michael, F. L. S., F. R. M. S. (de Londres), qui le premier a fait connaître l'espèce type et unique jusqu'à ce jour.

Les naturalistes qui ne voudraient pas admettre ce sous-genre et le suivant, pourront les réunir au sous-genre *Halleria.*

Freyana (Michaelichus) heteropus (*Michaël*).

Dermaleichus heteropus, Michaël, *Journal of Royal Micr. Soc.,* 1881, p. 212. pl. iv.

Freyana (Canestrinia) bihamata, Mégn et Trt., *Journ. Microgr.* 1884, p 151, fig. 25.

Dimensions : Mâle, long., 0ᵐᵐ 96; larg., 0ᵐᵐ 36.
　　　　　　Femelle. — 0ᵐᵐ 66; — 0ᵐᵐ 38.
　　　　　　Nymphes, long., 0ᵐᵐ 40 à 60; larg., 0ᵐᵐ 32 à 36.

Habitat. — Sur le Cormoran huppé (*Phalacrocorax cristatus*), des mers de l'Europe septentrionale.

Sous-genre Microspalax, *n. subg.*

Corps de forme oblongue ou quadrangulaire; les pattes courtes, coniques, les deux paires antérieures ayant *le deuxième et quelquefois le troisième articles renflés,* les deux postérieures insérées vers le milieu du corps et plus ou moins sous-abdominales. *Poils abdominaux de forme normale et non en feuilles. Un poil normal suivi d'un piquant court sur les flancs.* Extrémité de l'abdomen entière ou *faiblement échancrée* chez le mâle.

Ce sous-genre forme le passage au genre *Pterolichus.* Nous en connaissons deux espècs.

Freyana (Microspalax) manicata, *Mégn. et Trt.*

Journal de micrographie, 1884, p. 153, fig. 26.

Habitat. — Sur les Puffins (*Puffinus cinereus*, etc.), des côtes de France.

Var. a. Fr. (M.) manicata brevipes, *M. et Trt.*

Loc. cit., p. 154, fig, 26, 3.

Habitat. — Sur le Puffin obscur (*Puffinus obscurus*), des côtes de France.

Freyana (Microspalax) Chanayi, *n. sp.*

De forme ovale, d'un roux clair, le deuxième article des pattes de la deuxième paire renflé sur son bord externe, le troisième article portant un tubercule vers son milieu et le quatrième un piquant dirigé en avant. Un poil grêle et court et un second poil plus long en avant de la troisième paire de pattes; épimères antérieurs libres.

Mâle, plus petit que la femelle, à extrémité de l'abdomen un peu rétrécie, tronquée et légèrement échancrée en arrière de l'anus; portant de chaque côté cinq poils insérés à l'angle postéro-externe de l'abdomen ; le plus interne très petit et très grêle, les deux suivants longs et forts, le quatrième petit et court, le dernier très petit et très grêle, à peine visible, de même que le plus interne; une bordure transparente sur les flancs. Pattes postérieures dépassant l'abdomen de la longueur du tarse ; ventouses copulatrices petites, de chaque côté de l'anus ; organe génital conique, à base trilobée, entre les pattes de la quatrième paire.

Femelle plus grande et plus massive que le mâle, de forme oblongue, à abdomen arrondi et sans échancrure, portant deux paires de poils normaux de chaque côté de l'anus ; pattes postérieures atteignant mais ne dépassant pas l'extrémité de l'abdomen. Vulve en V renversé, surmontée d'un sternite en plein cintre.

Dimensions : Mâle, long., 0^{mm} 36; larg., 0^{mm} 20.

Femelle, — 0^{mm} 48; — 0^{mm} 30.

Habitat. — Sur le Dindon domestique (*Meleagris gallo-pavo*). Nous devons la connaissance de cette intéressante espèce à M. Chanay (de Lyon), micrographe distingué, qui nous l'a communiquée récemment, et à qui nous la dédions.

Freyana ovalis, Haller (décrite d'après la femelle seule : *Zeitschr. Wiss. Zool.*, XXX, p. 527), qui se trouve sur *Meleagris ocellata*, est tout au moins une espèce voisine ; mais l'absence de dilatation au deuxième article de la deuxième paire de pattes, ne permet pas de l'identifier à l'espèce dont nous venons de donner la description.

Extrait du *Naturaliste*, 15 janvier et 1ᵉʳ février 1884, et du *Bulletin de la Société d'Études Scientifiques d'Angers*, 1885.

NOTE

SUR LA

CLASSIFICATION DES ANALGÉSIENS

ET DIAGNOSES D'ESPÈCES ET DE GENRES NOUVEAUX

PAR

LE Dʳ E.-L. TROUESSART

A la suite du genre *Freyana* nous avons décrit, dans un mémoire spécial (1), les genres *Pterolichus* (avec les sous-genres *Crameria*, *Pterolichus* proprement dit, *Protolichus*, *Pseudalloptes* et *Oustaletia*), *Falciger*, *Bdellorhynchus*, *Paralges* et *Xoloptes*, qui constituent le groupe des PTÉROLICHÉS.

Le groupe des ANALGÉSÉS, qui vient ensuite, comprend les genres *Pteronyssus*, *Megninia*, *Analges*, *Protalges*, *Analloptes* et *Xolalges*, que nous caractériserons de la manière suivante :

Genre **Pteronyssus** *Ch. Robin* (1877).

Pteronyssus et *Dimorphus* (partim), G. Haller.

Caractères. — Pattes antérieures *non épineuses;* la troisième paire de pattes des mâles plus développée que la

---

(1) *Les Sarcoptides plumicoles*, 1ʳᵉ partie : LES PTÉROLICHÉS (*Journal de micrographie*, 1884-85). — Ce mémoire devant nécessairement être scindé en plusieurs parties, nous donnons brièvement ici la diagnose des genres et des espèces nouvelles, que nous décrirons plus longuement ailleurs, et nous y ajoutons quelques remarques indispensables sur leur classification.

quatrième; ambulacres larges et bien développés à tous les membres.

Femelles semblables à celles des *Ptérolichés* par la forme de l'abdomen qui est entier et sans prolongements gladiformes.

Remarques. — Ce genre pourrait être placé dans le groupe des *Ptérolichés*, dans lequel il représente la contre-partie du genre ou sous-genre *Pseudalloptes*. Le développement de la troisième paire de pattes est très variable (depuis le *Pteronyssus simplex* où cette paire est semblable aux pattes antérieures, jusqu'au *Pt. fuscus* où cette paire est énorme, chez le mâle). — Nous plaçons dans ce genre les *Dermaleichus Starnæ* et *D. fuscus* que nous avons considérés longtemps comme des *Megninia*, mais qui diffèrent de ce dernier genre par leurs pattes non épineuses, et dont les femelles, surtout, ont bien le faciès des Ptérolichés.

Ainsi compris, ce genre se subdivise en deux sections, d'après la forme de l'abdomen.

1re Section : Pteronyssi obtusi.

L'abdomen du mâle entier ou très légèrement bilobé.

A. Espèces aux formes grêles et allongées comme chez le *Pteronyssus picinus*.

1. **Pteronyssus simplex**, *Haller* (1882).

C'est l'espèce qui présente le moins d'inégalité dans le développement des pattes postérieures.

Elle vit sur le Pic à tête rouge *(Melanerpes erythrocephalus)* de l'Amérique septentrionale.

2. **Pteronyssus picinus**, *Ch. Robin* (1877).

Sur un très grand nombre de Pics *(Picidæ)*.

3. **Pteronyssus chiasma**, *n. sp.*

Semblable au *Pt. picinus* mais plus petit et plus pâle, un poil long et un court sur les flancs. — *Mâle* à cônes transparents de l'abdomen plus allongés, en forme de prisme terminé par une pyramide triangulaire ; l'organe génital surmonté d'un cadre en forme d'X dont les branches supérieures vont rejoindre les épimères de la troisième paire en figurant les jambages internes de la lettre M. — *Longueur* : Mâle, 0^{mm} 32 ; femelle, 0^{mm} 40.

Sur les Toucans *(Pteroglossus aracari,* etc.), de l'Amérique du Sud.

Var. *a.* **Pt. chiasma mucronatus,** *n. var.*

D'un roux foncé, l'abdomen du *mâle* à cônes tranparents remplacés par *deux piquants en forme de poignard à large lame*. Du reste,. semblable au type.

Sur *Ramphastos (Tucaïus) dicolorus,* du Brésil.

4. **Pteronyssus bifidus,** *n. sp.*

Petit, d'un jaune rougeâtre, un poil court et un long, en avant de la troisième paire de pattes ; épimères antérieurs en V. — *Mâle* à abdomen présentant une échancrure en cœur renversé en arrière de l'anus et des ventouses copulatrices. — *Femelle,* plus allongée que le mâle, à pattes postérieures ne dépassant pas l'abdomen. — *Longueur :* mâle, 0^{mm} 30 ; femelle, 0^{mm} 40.

Sur *Capito cayanensis* de la Guyane.

5. **Pteronyssus gracilis,** *Buchholz* (1869).

Sur plusieurs *Picidæ.*

6. **Pteronyssus spathuliger,** *n. sp.*

Semblable à *Pt. gracilis,* mais plus grand, d'un roux vif, un piquant et un poil sur les flancs. — *Mâle,* chacun des lobes de l'abdomen terminé par un appendice transparent. allongé en forme de spatule, avec deux poils longs en dehors ; un très petit poil sur le bord externe de l'appendice spatuliforme. — *Longueur :* mâle, 0^{mm} 53 ; femelle, 0^{mm} 58.

Sur un Pic *(Celeus elegans)* de la Guyane.

7. **Pteronyssus infuscatus,** *n. sp.*

D'un brun rougeâtre foncé à néphridies très développées ; deux poils normaux, un court et un long sur les flancs ; épimères libres ; lèvre inférieure bilobée avec *une expansion triangulaire pointue sur son bord externe* beaucoup plus développée *chez le mâle.* — Celui-ci à organe génital très en avant, pyriforme, bordé de deux lames foncées parallèles ; côté des lobes abdominaux également renforcé par deux lames chitineuses ; pattes de la quatrième paire dépassant un peu l'abdomen ; pas d'appendices transparents aux lobes de l'abdomen. — *Femelle* allongée, plus forte, à flancs subparallèles, à abdomen tronqué carrément, à pattes postérieures plus courtes que l'abdomen. Sternite vulvaire en arc très ouvert. — *Longueur :* mâle, 0^{mm}40 ; femelle, 0^{mm}50.

Sur les Hirondelles *(Chelidon urbica* et *Cotile riparia)*, d'Europe.

B. Espèces plus lourdes et plus larges que les précédentes, ayant la forme générale du *Pteronyssus striatus*.

8. **Pteronyssus striatus,** *Ch. Robin* (1877).

Sur le Pinson *(Fringilla cœlebs)*, d'Europe.

9. **Pteronyssus truncatus,** *n. sp.*

Semblable au précédent mais un peu moins large ; un piquant et un poil sur les flancs ; la lèvre inférieure bilobée et présentant deux expansions latérales triangulaires, à peu près égales dans les deux sexes. — *Mâle* à abdomen échancré jusqu'aux ventouses, formant deux lobes accolés, quadrilatères et comme tronqués, bordés en arrière d'une lame transparente étroite qui comble l'échancrure linéaire des lobes, cette lame étant elle-même bien entière, à peine sinuée dans sa partie médiane. — *Femelle* plus grande que le mâle, à abdomen entier, à bord postérieur carré, anguleux sur les côtés, dépassant les pattes postérieures. *Longueur :* mâle, 0^{mm}37 ; femelle, 0^{mm}48.

Sur l'Étourneau *(Sturnus vulgaris)*, d'Europe, et sur un *Lamprotornis sp.*, du Sénégal.

Var. *a.* **Pteronyssus subtruncatus,** *n. var.*

Semblable au type, mais le *mâle* a les côtés des lobes tronqués obliquement, la lame transparente étant également plus large dans sa partie médiane et s'atténuant latéralement, de manière que son bord postérieur est recourbé en arc de cercle ; trois paires de poils en dehors de cette lame, l'externe plus court, avec un quatrième très petit et très grêle en dedans, près de l'échancrure. — Mêmes dimensions.

Sur le Mainate *(Eulabes javanensis)*, de l'Archipel Indien, et sur le *Calornis panayensis*, des Philippines.

10. **Pteronyssus parinus,** *Koch* (1840).

Sur la Mésange à tête bleue *(Parus cœruleus)*, d'Europe.

C. Espèces à abdomen entier terminé par des *poils en forme de feuilles;* corps assez allongé *(Pteronyssi phyllophori).*

11. **Pteronyssus phyllophorus,** *n. sp.*

Espèce de grande taille, à abdomen entier, mais qui par sa forme générale passe à la section suivante. — *Mâle* à abdomen entier ou sublobé, à lobes confluents soudés sur la ligne médiane, leur bord postérieur dentelé ou épineux, et portant chacun deux longs poils en forme de feuilles lancéolées, et deux autres poils normaux plus courts, en dehors; deux poils forts, ou dilatés, sur les flancs, dirigés en arrière, l'un après le sillon, l'autre en avant de la troisième paire de pattes. — *Longueur :* mâle, 0^{mm} 43, sans les feuilles; femelle, 0^{mm} 37.

Sur le Touraco violet *(Musophaga violacea)*, de Sénégambie.

3e Section : *Pteronyssi lobati.*

L'abdomen du mâle profondément bilobé; les lobes quelquefois réunis par une membrane mince plus ou moins échancrée. Les femelles ont absolument le facies de celles des *Ptérolichés* (et nullement de celles des *Analgésés.*)

12. **Pteronyssus puffini,** *Buchholz* (1869).

Dermaleichus starnæ (pour *sternæ!*), Canestrini (1878).

Sur les Palmipèdes Longipennes des genres *Sterna, Larus, Puffinus, Procellaria, Thalassidroma, Lestris,* etc., et sur le *Dromas ardeola.* Probablement cosmopolite.

13. **Pteronyssus fuscus,** Nitzch (1818).

C'est la plus grande espèce connue du groupe des *Analgésés.*
Sur le Balbuzard *(Pandion haliætus)*, d'Europe.

Genre **Megninia,** *Berlese* (1882).

Analges (partim) et *Dermaleichus,* Mégnin et Robin; *Dimorphus* (partim), G. Haller.

Caractères. — Pattes antérieures *épineuses;* la troisième paire beaucoup plus développée chez *les mâles; toutes les pattes munies d'ambulacres* qui sont généralement petits et peu développés ; l'abdomen bifide, à lobes libres ou reliés par une membrane mince. *Femelles* à abdomen entier, dépourvues de plaque notogastrique et très peu différentes des nymphes.

Remarque. — Ce genre est le type le plus généralement répandu sur les oiseaux de *tous les ordres sans exception*, ce qui n'est le cas pour aucun autre genre de la sous-famille. — Les espèces sont très nombreuses et difficiles à distinguer les unes des autres dans chaque groupe : nous indiquerons seulement ici quelques-unes des plus remarquables.

Le type est *Megninia ginglymura* (Mégnin). Les *Analges cubitalis, A. asternalis, A. oscinum, A. socialis, A. sinuosus, A. velatus* et *A. centropodos* de Mégnin et Robin ; — les *Dermaleichus gallinulæ, D. glandarii, D. columbæ, D. aluconis, D. abbreviatus, D. pici-majoris, D. strigis-oti* de Buchholz ; les *Dimorphus aculeatus, D. Tyrelli, D. appendiculatus, D. gladiator, D. calcaratus, D. forcipatus* de Haller, appartiennent tous également au genre *Megninia.*

Parmi les espèces nouvelles que nous possédons, nous signalerons les suivantes :

1. Megninia ibidis, *n. sp.*

Semblable au *Pteronyssus fuscus*, mais beaucoup plus petit, les pattes antérieures sensiblement épineuses dans les deux sexes. — *Mâle* à abdomen conformé comme celui du *Pt. fuscus*, à pattes de la troisième paire très longues, dépassant l'abdomen au moins de toute la longueur du tarse ; celui-ci se termine par une pointe droite transparente qui rejette l'ambulacre de côté, et porte une deuxième pointe semblable un peu plus haut sur son bord interne, et de plus un poil très fort inséré à la base du tarse et aussi long que lui ; tibial ou avant-dernier article de cette troisième paire terminé en dehors par une tubercule en forme de malléole, qui porte un poil et s'applique le long du tarse lorsque la jambe est dans l'extension. — *Femelle fécondée* semblable à celle du *Pt. fuscus*, mais relativement moins allongée, à plaque notogastrique bien développée. Sternite vulvaire en forme de porte cochère. — *Longueur* : mâle, 0^{mm}40 ; femelle, 0^{mm}43.

Sur l'Ibis falcinelle *(Ibis falcinellus)*, d'Europe.

Une variété plus grande et à néphridies très développées (Var. *major)*, atteint en longueur : mâle 0,50, femelle 0,45.

Elle vit sur la Spatule *(Platalea leucorodia)*, d'Europe.

Cette espèce forme le passage du genre *Pteronyssus* au genre *Megninia*.

2. **Megninia rallorum**, *n. sp.*

Pattes antérieures fortement épineuses dans les deux sexes. — *Mâle* ayant l'abdomen terminé par deux lobes triangulaires, amincis, tronqués à leur extrémité, avec une échancrure en angle aigu entre les deux ; lobes à bord externe légèrement dentelé, portant de chaque côté trois longs poils dont le plus interne est le plus fort et le plus long. Pattes de la troisième paire dépassant à peine l'abdomen, à *tarse très court*, le pédicelle de l'ambulacre s'insérant entre deux tubercules, l'externe petit et court, l'interne plus long, transparent et bidenté à son extrémité. — *Femelle fécondée* ovale, dépourvue de plaque notogastrique, à téguments fortement plissés. Vulve en V surmontée d'une sternite en arc court et peu prononcé. Pattes de la quatrième paire plus grosses et plus longues que celles de la troisième. — *Longueur :* mâle, 0^{mm}45 ; femelle, 0^{mm}40.

Sur le Râle d'eau *(Rallus aquaticus)*, d'Europe.

3. **Megninia inflata**, *n. sp.*

De forme rectangulaire, deux poils longs, le premier grêle, le second très fort sur les flancs ; épimères antérieurs en forme d'Y. — *Mâle* à pattes de la troisième paire fortement renflées, coniques, terminées en dedans par un tubercule obtus, avec une petite feuille en forme de houlette en dehors, et l'ambulacre longuement pédicellé entre les deux ; abdomen terminé par deux lobes amincis et découpés comme chez *M. socialis;* organe génital en ogive, surmonté d'un cadre en forme de goulot de bouteille. — *Femelle* plus étroite, oblongue, rectangulaire, à pattes postérieures plus courtes que l'abdomen qui se termine par deux tubercules transparents, en forme de soc de charrue, inclinés symétriquement l'un vers l'autre avec un tubercule impair, transparent, cylindrique entre les deux ; l'abdomen porte en outre, de chaque côté, deux

poils à base dilatée en cœur (le plus interne), ou simplement lancéolée (l'externe); vulve en V renversé, surmontée d'un sternite en
plein cintre. — *Nymphe* semblable à la femelle, mais à téguments
fortement plissés, à gros plis géométriques figurant un carré à
bords rentrants sur le milieu du dos. — *Œuf* allongé, cylindrique
à coque parsemée de tubercules étoilés, portant à l'une de ses
extrémités deux petites apophyses arrondies. — *Longueur :*
mâle, 0^{mm} 60 ; femelle, 0^{mm} 50.

Sur le Perroquet à ventre blanc *(Caïca leucogastra)*, du Brésil.

4. **Megninia megalixus**, *n. sp.*

Mâle ayant la partie antérieure du corps jusqu'à l'insertion des
pattes postérieures large, triangulaire, le rostre formant le sommet d'un triangle isocèle, dont les pattes de la troisième paire
prolongent en arrière les deux côtés ; le premier article de cette
paire très renflé, saillant en dehors, avec une dépression à la
base du deuxième article; abdomen beaucoup plus étroit que
la partie antérieure du corps, terminé par deux lobes profondément dentelés, et un petit lobe accessoire en dehors de chacun
d'eux. Ventouses copulatrices surmontées d'une lame foncée en
ogive. Épimères de chaque côté confluents entre eux, ceux de la
première paire en V, formant collier au rostre. Pattes antérieures
coniques, très renflées à leur base. — *Femelle* plus petite, à épimères antérieurs en V terminé inférieurement par un X; sternite
vulvaire en plein cintre. — *Longueur :* mâle, 0^{mm} 65 (sur 0^{mm} 45 de
large); femelle, 0^{mm} 47.

Sur la Pie bleue *(Cissa thalassina)*, de Java.

5. **Megninia psoroptopus**, *n. sp.*

Mâle semblable au précédent par sa forme générale, mais plus
large et à flancs arqués à partir du rostre; pas de renflement au
premier article de la troisième paire de pattes; cette paire est
falciforme, terminée par un tubercule en forme d'ongle et un
ambulacre longuement pédicellé, avec trois piquants assez grêles
sur le bord interne du tarse; l'abdomen étroit formé de deux
lobes étroitement accolés, entiers à leur extrémité, avec trois
festons découpés obliquement en dehors. Épimères de la troisième
paire réunis par une lame foncée assez large en avant de l'organe
génital très petit. — *Femelle* à ambulacre des pattes postérieures
longuement pédicellé avec *quatre gros piquants en bouquets* et un

long poil au tarse. Épimères antérieurs en forme d'H. — *Nymphe*, semblable à la femelle, mais *l'ambulacre des pattes postérieures remplacé par un poil long*. — *Longueur :* mâle, $0^{mm}60$ (sur 0,50 de large); femelle, $0^{mm}50$.

Sur les Calaos *(Buceros bicornis, Hydrocissa albirostris)*, de l'Inde, de Cochinchine et de Malaisie.

Genre **Analges**, *Nitzch* (1818).

Caractères. — Comme dans le genre *Megninia*, mais l'abdomen du *mâle* généralement entier, et la *troisième paire de pattes dépourvue d'ambulacre*.

Le type est *Analges chelopus* (Hermann). Le genre renferme en outre les *Analges passerinus* (De Geer), *A. corvinus* (Mégnin), *A. spiniger*, *A. bidentatus*, *A. pachycnemis* et *A. integer* de Giebel, *A. mucronatus* de Buchholz, *A. Nitzchii*, *A. coleoptratus*, *A. affinis*, *A. certhiæ*, *A. digitatus*, *A. bidentatus*, *A. tridentulatus*, *A. pollicipatus* et *A. Poppei* de Haller, *A. clavipes* et *A. incertus* de Berlese. Plusieurs de ces espèces ne sont probablement que des variétés les unes des autres. Les espèces exotiques diffèrent peu de celles d'Europe. Parmi les plus distinctes nous signalerons la suivante :

Analges lobatus, *n. sp.*

Mâle semblable à celui d'*A. chelopus*, mais plus petit, à pattes de la troisième paire semblablement conformées mais un peu moins renflées; abdomen atténué en arrière, terminé par deux petits lobes coniques, tronqués à leur extrémité, avec une échancrure anguleuse entre les deux. — *Longueur :* $0^{mm}25$.

Sur le Pic élégant *(Celeus elegans)*, de la Guyane.

Genre **Protalges**, *n. g.* (1).

Caractères. — Les deux paires de pattes postérieures *égales* (ou *subégales*) chez le mâle; abdomen généralement entier; du reste, comme dans le genre *Megninia*.

---

(1) Par contraction de *Proto-Analges* (type primitif des *Analgeseæ*).

Ce genre est remarquable par le développement des *deux* paires de pattes postérieures qui sont sensiblement d'égale grosseur ; le tarse seul de la troisième paire est généralement plus allongé que celui de la quatrième paire et falciforme ; les pattes sont épineuses comme dans les deux genres précédents.

A. Espèces à abdomen entier chez les mâles.

Le type du genre est l'espèce suivante :

1. **Protalges Robini**, *n. sp.*

De grande taille ; pattes des troisième et quatrième paires insérées vers le milieu du corps, et presque à angle droit, surtout chez le mâle ; abdomen entier ; épimères antérieurs en T. — *Mâle* à région antérieure du corps triangulaire, les pattes de la troisième paire énormes, continuant la ligne des flancs, insérées très en avant, coniques et falciformes ; pattes de la quatrième paire semblables, aussi grosses et presque aussi longues, mais à tarse plus court. Ventouses copulatrices *très petites*, placées très en avant, au niveau de l'insertion des pattes postérieures, *à la base d'un large écusson renversé, en forme d'ogive,* dont le sommet porte l'organe génital. — *Femelle* à pattes postérieures grêles, à vulve en Y renversé surmontée d'un sternite en arc. — *Longueur :* mâle 0^{mm} 55 (sur 25 de large) ; femelle 0^{mm} 55 (sur 22).

Se trouve sur l'Aracari à gorge grise (*Pteroglossus sulcatus*), du Brésil.

Cette remarquable espèce est dédiée à M. Ch. Robin, sénateur, professeur d'histologie à la Faculté de médecine de Paris, dont les savants travaux ont fait faire les plus grands progrès à l'étude des *Sarcoptides plumicoles*.

2. **Protalges australis**, *n. sp.*

Semblable au précédent par la forme de l'abdomen qui est entier dans les deux sexes, mais plus petit, les pattes antérieures fortement épineuses. — *Mâle* à pattes postérieures assez grêles, insérées peu obliquement et dirigées en arrière, la quatrième paire un peu plus grêle que la troisième ; ventouses copulatrices placées près de l'extrémité de l'abdomen, très loin de l'organe génital. — *Femelle* aussi grande ou plus grande que le mâle, à abdomen fortement étranglé avant son extrémité, à tarse des pattes postérieures recourbé en S (comme chez le mâle), vulve en accent circonflexe surmontée d'un sternite en arc, avec un poil grêle inséré à chaque extrémité de l'arc. — *Longueur :* mâle 0^{mm}37, femelle 0^{mm}40.

Sur le *Glyciphila fasciata* d'Australie.

Var. *a.* **Protalges australis antipodum,** *n. var.*

Semblable au type, mais le *mâle* a l'abdomen aminci entre les longs poils terminaux et formant une lame semi-lunaire légèrement bilobée; organe génital large, trilobé, encadré de deux lames minces, obliques, qui se soudent en avant et se séparent de nouveau en longeant de chaque côté les épimères antérieurs qui sont soudés en Y. — Même taille que le type.

Sur l'*Anthornis melanura* de la Nouvelle-Zélande.

B. Espèces à abdomen atténué ou légèrement bilobé chez le mâle.

3. **Protalges attenuatus,** *Buchholz* (1869).

Sur les Rapaces nocturnes *(Strigidæ).*

4. **Protalges curtus,** *n. sp.*

Mâle semblable au précédent, mais relativement plus large et plus court, l'abdomen présentant un commencement d'aplatissement et une disposition bilobée qui forme le passage à l'espèce suivante. Organe génital placé très en avant, entre les épimères des pattes postérieures. — *Longueur :* mâle 0^{mm}33 (sur 23 de large); femelle 0^{mm}35.

Sur les Perroquets, notamment sur *Platycercus Pennantii* d'Australie.

5. **Protalges accipitrinus,** *n. sp.*

Semblable à *Pr. attenuatus,* mais l'abdomen du *mâle* aplati et bilobé comme chez *Megninia velata*, les lobes transparents tronqués carrément à leur extrémité; tarse de la troisième paire falciforme, deux fois plus long que celui de la quatrième et terminé par un ambulacre très petit. — *Femelle* à vulve en V très ouvert surmontée d'un sternite en arc. — *Longueur :* mâle 0^{mm}33 (sur 20 de large), femelle 0^{mm}33.

Sur les Rapaces Diurnes, notamment sur la Crécerelle *(Falco tinnunculus),* d'Europe.

6. Protalges psittacinus, *n. sp.*

Mâle très semblable à celui de l'espèce précédente, mais l'échancrure qui sépare les lobes abdominaux en angle obtus ou en cœur. — *Longueur :* mâle 0^{mm} 35 (sur 25 de large), femelle 0^{mm} 33.

Sur le *Strigops habroptilus* de la Nouvelle-Zélande.

7. Protalges lorinus, *n. sp.*

Mâle très semblable au précédent, les deux longs poils que porte chaque lobe insérés à l'extrémité d'une lame de renforcement transparente, oblique, qui se réunit en avant à celle du côté opposé pour former aux ventouses copulatrices un soubassement transversal ovale. Chacune de ces lames porte en outre, en dehors des deux longs poils, *un poil court dilaté en feuille lancéolée ;* plus en dehors encore, chaque lobe se termine par une pointe anguleuse transparente, qui termine le bord postéro-externe de chaque lobe. — *Femelle* allongée, à vulve en V très ouvert, surmontée d'un sternite en arc. — *Longueur :* mâle 0^{mm} 35, femelle 0^{mm} 33.

Sur les Loris (*Lorius garrulus, L. domicella, etc.*), de la Nouvelle-Guinée et des Moluques.

Plusieurs des espèces précédentes ne sont probablement que des variétés d'un même type spécifique.

C. Espèces à formes plus grêles que celles des précédents, comparables sous ce rapport à *Megninia centropodos* et espèces voisines ; quatre articles seulement aux pattes antérieures.

8. Protalges larva, *n. sp.*

D'un roux vif assez clair, un poil en feuille sur les flancs et un autre semblable au deuxième article de la deuxième paire de pattes ; épimères antérieurs en V. — *Mâle* à abdomen aminci et élargi en arrière, se terminant par une lame transparente échancrée en demi-cercle et dentelée sur son bord externe qui porte en outre deux paires de longs poils à base lancéolée avec deux autres petits et grêles, l'un en dedans, l'autre en dehors à leur base. Un poil long et fort dirigé en arrière à l'insertion de la troisième paire de pattes. — *Femelle* allongée, linéaire, à feuille des flancs plus grêle, à plaque dorsale singulièrement découpée, figurant une colonne vertébrale à laquelle s'inséreraient de chaque côté sept à huit paires de fausses côtes ; abdomen entier, portant deux paires de longs poils à base lancéolée, et deux paires de poils courts bifides l'une en dedans croisée avec celle du côté opposé en arrière de l'anus, l'autre en dehors. Vulve en V, surmontée d'un sternite en arc ogival. — *Longueur :* mâle $0^{mm}55$ (sur 23 de large), femelle $0^{mm}43$ (sur 17 de large).

Sur *Ara macao*, *Amazona melanocephala* et autres perroquets de l'Amérique méridionale.

Cette espèce varie beaucoup par la forme de l'abdomen du mâle, la longueur relative de ses deux paires de pattes postérieures, la forme de la plaque dorsale de la femelle, la largeur du poil des flancs, etc.

Var. *a.* **Protalges larva integrifolia,** *n. var.*

Mâle semblable au précédent, mais la lame terminale de l'abdomen entière ou très légèrement échancrée en angle obtus et sans dentelures latérales. — *Femelle* à plaque dorsale étroite, entière ou réduite à deux bandes longitudinales quelquefois festonnées sur leur bord externe ; feuille des flancs dentelée, épineuse sur son bord interne. — *Nymphe* toute hérissée de petits tubercules en forme d'épines disposées le long des sillons du tégument, et plus développées à l'extrémité de l'abdomen (les nymphes du type sont probablement semblables). — Mêmes dimensions.

Sur *Ara severus*, *Conurus cruentatus*, *C. smaragdinus*, *Psittacula virescens*, de l'Amérique méridionale.

Var. *b.* **Protalges larva brevis,** *n. var.*

Semblable au type mais plus petit, plus court et plus trapu ; poil des flancs peu dilaté, presque normal, et non en feuille.

Sur la *Psittacula lunulata* des Philippines.

9. **Protalges palmata,** *n. sp.*

Corps de forme ovale, presque comme chez *Freyana horrida*, d'un roux très pâle ; les épimères antérieurs libres ; deux longs poils sur les flancs. — *Mâle* à abdomen terminé par deux lobes quadrilatères, dont chacun porte quatre digitations et deux longs poils ; pattes antérieures fortes, coniques, épineuses, renflées à leur base ; pattes postérieures plus grêles mais plus longues que les antérieures ; un tubercule en forme d'éperon mousse au tarse de la troisième paire. — *Femelle,* ovale, courte, sans lobes. — *Longueur :* mâle 0ᵐᵐ 40 (sur 25 de large), femelle un peu plus petite. — Cette espèce a un peu le facies des *Pteronyssus* du groupe de *Pt. striatus.*

Sur les Calaos *(Anorhinus leucolophus, etc.)* de Malaisie : paraît assez rare.

Genre **Analloptes**, *n. g.* (1).

Pteralloptes (antea, errore). *Mégn. et Trt,* C. R. Acad. des Sc. de Paris, 21 janvier 1884, p. 156; Bulletin de la Soc. d'Ét. Scient. d'Angers, 1883–84, p. 139.

Pattes de la quatrième paire du mâle plus développées que celles de la troisième; du reste, caractères du genre *Megninia :* pattes antérieures epineuses ; femelle fécondée semblable aux nymphes, à abdomen entier, dépourvu de plaque notogastrique.

Le type du genre est *Analloptes Megnini.*

A. Espèces dont l'abdomen est entier ou très légèrement bilobé, rappelant par leur forme *Protalges attenuatus ;* peu de différence entre les deux paires de pattes postérieures chez le mâle.

1. **Analloptes stellaris** (*Buchholz,* 1869).

Sur le Héron butor *(Ardea stellaris),* d'Europe.

B. Espèces dont l'abdomen est fortement bilobé, échancré avec une lame mince dans l'échancrure et dont les pattes de la quatrième paire du mâle sont énormes, beaucoup plus fortes que celles de la troisième.

2. **Analloptes Megnini**, *n. sp.*

Corps grêle et allongé, d'un roux pâle; un poil court, très grêle et un second long et très fort sur les flancs ; épimères antérieurs en Y. — *Mâle* à pattes de la troisième paire courtes et très grêles, celles de la quatrième très longues et très fortes, à tarse falciforme, terminé par un ongle qui rejette l'ambulacre en dehors, et

---

(1) Par contraction de *Analges-Alloptes* (*Analges* à formes d'*Alloptes.*)

dépassant l'abdomen au moins de la longueur du tarse. Abdomen bilobé, profondément échancré, l'échancrure en ogive bordée par une lame mince qui s'étend jusqu'aux épimères de la troisième paire, avec l'organe génital au sommet ; cette lame mince dépasse les lobes en arrière et présente sur la ligne médiane une échancrure linéaire qui commence au niveau des ventouses copulatrices ; l'extrémité postérieure dentelée, chaque lobe, renforcé sur les flancs, portant deux longs poils et un grêle, en dehors, avec un quatrième de moyenne longueur sur le bord interne du lobe. — *Femelle* plus grêle, linéaire, à abdomen entier, à vulve en V, surmontée d'un sternite en porte cochère. — *Longueur :* mâle 0^{mm} 40 (sur 12 de large), femelle 0^{mm} 42 (sur 10).

Sur le Râle d'Eau *(Rallus aquaticus)*, d'Europe.

Cette espèce, type d'un genre si remarquable, est dédiée à notre ami et collaborateur P. Mégnin, Vice-Président de la Société Zoologique de France, ancien Président de la Société Entomologique, etc.

Var. *a*. **Analloptes Megnini falcinelli,** *n. var.*

Mâle, semblable au précédent, mais plus grand, le *tarse élargi sur ses deux faces par une lame mince transparente ;* la lame transparente qui comble l'intervalle entre les deux lobes abdominaux fendue seulement dans son tiers postérieur, dépassant les lobes en arrière, avec trois ou quatre plis obliques de chaque côté : le poil interne de chaque lobe très petit et grêle. — *Femelle* moins grêle que celle du type. — *Longueur :* mâle 0^{mm} 47 (sur 18), femelle 0^{mm} 43 (sur 15).

Sur l'Ibis falcinelle *(Ibis falcinellus)* et la Spatule *(Platalea leucorodia)*, d'Europe.

3. **Analloptes bipartitus,** *n. sp.*

Semblable au précédent, mais le *Mâle* a la partie antérieure du corps en triangle isocèle, et la partie postérieure, particulièrement la quatrième paire de pattes, énormes, développées hors de toute proportion avec l'antérieure, de telle sorte qu'elles semblent appartenir à deux individus différents ; lame transparente de l'échancrure abdominale plissée longitudinalement, échancrée en plein cintre, mais se terminant en arrière sur son bord libre par une feuille elliptique croisée et superposée à celle de l'autre côté ; chaque lobe latéral renforcé se terminant par une dent semblable, mais plus petite, qui porte un des longs poils postérieurs ; tarses sans lames. — *Femelle* linéaire, à pattes postérieures très grêles, dépassant l'abdomen, à vulve surmontée d'un sternite en fer à cheval. — *Longueur* : mâle 0^{mm} 50 (sur 23), femelle 0^{mm} 40 (sur 12).

Sur les calaos *(Anthracoceros convexus , Anthracocorax malayanus, etc.)*, de Sumatra et de Malacca.

4. **Analloptes corrugatus**, *n. sp.*

Mâle semblable au précédent, mais à partie postérieure du corps moins disproportionnée ; lame transparente de l'abdomen échancrée en ovale, formant *deux lobes arrondis*, transparents, plissés comme un éventail de papier, et se touchant ou se recouvrant un peu par leur bord interne, en arrière de l'échancrure. — *Longueur* du mâle : 0^{mm} 40.

Sur les Calaos *(Anorhinus lencolophus , Anthracocorax malayanus, et Cranorhinus corrugatus)* de Malacca, avec l'espèce précédente.

5. **Analloptes elythrura**, *n. sp.*

Mâle semblable à *A. bipartitus,* mais à flancs parallèles jusqu'à l'insertion de la troisième paire de pattes ; les lobes abdominaux cintrés en forme de compas de charpentier, bordés intérieurement d'une lame transparente largement échancrée jusqu'au niveau des ventouses, les deux côtés se recouvrant en arrière et dépassant les lobes ; cette lame transparente portant de chaque côté cinq à six séries longitudinales de plis gaufrés *interrompus* à distance régulière. Tarse bordé d'une lame mince peu marquée. *Femelle* semblable à celles des précédents. — *Longueur* du mâle : 0^{mm} 45 (sur 17).

Sur les Calaos *(Buccerotidæ)*.

Genre **Xolalges**, *n. g.* (1).

Quatrième paire de pattes plus forte que la troisième et terminée par un tubercule de forme variable, *sans ambulacre ;* du reste, caractères du genre *Analloptes ;* corps

---

(1) Par contraction de *Xoloptes-Analges* (ce genre représente, dans la série des *Analgeseæ*, le genre *Xoloptes* des *Pterolicheæ;* il est, par rapport à *Analloptes*, ce que *Analges* est par rapport à *Megninia*).

généralement plus court et plus large ; pattes antérieures épineuses ; abdomen entier ou très légèrement bilobé.

Une seule espèce connue.

Xolalges scaurus, *n. sp*.

Corps court, quadrilatère, d'un roux pâle ; un seul poil long sur les flancs ; épimères antérieurs en Y. — *Mâle*, court, orbiculaire, atténué en arrière, l'abdomen formant deux petits lobes triangulaires, avec deux longs poils à leur sommet et deux autres grêles et courts, un de chaque côté du lobe. Ventouses copulatrices petites, de chaque côté de l'anus, et plus en dehors deux glandes pâles (néphridies?) en forme de stigmate foliaire (que l'on est tenté de prendre, au premier abord, pour les ventouses). Pattes de la troisième paire grêles, dépassant l'abdomen, à tarse falciforme avec un fort tubercule basilaire sur le bord interne (comme chez *Analges mucronatus*); quatrième paire plus grosse et plus courte, à *tarse coudé en dedans*, renflé, triangulaire, difforme, rappelant tout à fait l'idée d'un *pied-bot* (d'où le nom de *scaurus*), portant deux tubercules, l'un terminal avec un poil grêle à son extrémité, l'autre interne, en forme de talon ou d'éperon. — *Femelle* rectangulaire, plus grande que le mâle, à abdomen entier, à pattes des troisième et quatrième paires semblables, grêles et à tarse conformé comme celui de la troisième paire du mâle. Vulve transversale à lèvres plissées, dépourvue de sternite. *Longueur* : mâle, 0^{mm}25 (sur 15); femelle, 0^{mm}30 (sur 18).

Sur le Coucou *(Cuculus canorus)*, d'Europe.

Troisième section :

Les Proctophyllodés (Proctophyllodeæ).

CARACTÈRES. — *Mâle* de forme variable, à *pénis ensiforme plus ou moins grêle ou allongé.* — *Femelle fécondée (ovigère)* différant de la femelle accouplée (*pubère* ou *vierge*) par la forme de son abdomen qui est *bifide et se prolonge ordinairement en deux gros lobes qui portent des appendices gladiformes ou sétiformes.* — Dans les *deux sexes* (en général), *un long poil suivi d'un piquant court sur les flancs.* — Ces Acariens vivent ordinairement sur les Passereaux de petite taille, les Échassiers et les Palmipèdes; on ne les trouve que *très accidentellement* sur les Rapaces, les Grimpeurs et les oiseaux de grande taille.

Ce groupe présente une assez grande uniformité pour qu'on puisse réunir toutes les espèces qu'il renferme dans le seul genre *Proctophyllodes* (Ch. Robin), qui se subdivise en cinq sous-genres : *Alloptes, Pterocolus, Proctophyllodes* proprement dit, *Pterodectes* et *Pterophagus*.

On passe de l'un de ces sous-genres à l'autre par des nuances insensibles, qui ne permettent guère d'élever ces subdivisions au rang des véritables genres.

Il existe *plusieurs formes de nymphes*, dont la signification est encore mal connue, et que nous nous réservons de décrire ailleurs. Une de ces formes a *l'abdomen profondément bilobé* comme les femelles.

Genre **Proctophyllodes**, Ch. Robin (1877).

Caractères de la section. — Cinq sous-genres.

Sous-genre **Alloptes**, *Canestrini* (1879).

Caractères. — *Mâles* ayant la quatrième paire de pattes plus développée que les autres; abdomen de forme variable; *femelles* à abdomen bilobé et portant des appendices gladiformes (comme celles de *Proctophyllodes* proprement dits), ou simplement sétiformes.

A. Espèces à abdomen entier ou très légèrement bilobé, mais atténué et aminci en arrière : femelles à abdomen bilobé portant des appendices gladiformes.

1. **Alloptes Norneri**, *n. sp.*

Corps assez large, ovale, atténué en arrière, d'un roux vif; épimères antérieurs affrontés mais libres; un poil long et un piquant assez long sur les flancs; un deuxième piquant à la base de la troisième paire de pattes. — *Mâle* à abdomen entier, rétréci en arrière (comme dans *Protalges attenuatus*), et se terminant par une lame mince très courte, chaque lobe portant un poil très long et très fort et trois petits poils courts et très grêles; pattes de la quatrième paire renflées, dépassant l'abdomen des deux

derniers articles, terminées par un ongle avec ambulacre; épimères postérieurs se réunissant sur la ligne médiane en une large
bande transversale arquée en avant de l'organe génital qui porte
un pénis ensiforme assez court, rabattu en arrière; côtés de
l'abdomen renforcés jusqu'au niveau des ventouses. — *Femelle
fécondée* plus allongée que le mâle, à abdomen conformé comme
celui de la femelle de *Proctophyllodes glandarinus*, terminé par
deux lobes portant des appendices gladiformes; sternite vulvaire
en fer à cheval, les extrémités latérales allant rejoindre les épimères postérieurs. — Sur l'une de nos préparations on voit une
femelle contenant *deux œufs à embryons également développés* et
près d'éclore, ce qui est très rare chez les Sarcoptides où les œufs
se développent successivement et un à un. — *Longueur :* mâle,
0^{mm} 40; femelle, 0^{mm} 60, avec les appendices gladiformes.

Sur les Oiseaux-Mouches *(Cynanthus mocoa,* etc.), et plusieurs
autres passereaux de l'Amérique méridionale.

Cette espèce est dédiée à M. le Dr C. Norner (de Vienne),
professeur libre de zoologie, acarologiste et micrographe
des plus distingués.

B. Espèces dont l'abdomen se termine chez le mâle par
deux lobes quadrilatères plus ou moins découpés en
arrière; *femelles* à abdomen bilobé et portant des appendices gladiformes.

2. **Alloptes hemiphyllus** (*Ch. Robin*, 1877).

Proctophyllodes hemiphyllus, Ch. Robin; *Alloptes hastatus,* Berlese (1884).

Sur les Pinsons *(Fringilla cœlebs, F. montifringilla),* le Proyer
(Miliaria europœa), et autres *Fringillidæ* d'Europe.

3. **Alloptes aphyllus,** *n. sp.*

Mâle semblable à celui d'*A. hemiphyllus,* mais à abdomen terminé par deux lobes coniques, courts, irrégulièrement triangu-
gulaires, tronqués et festonnés sur les flancs avec une échancrure
aiguë entre les deux, le sommet de chaque lobe se prolongeant,
sur le bord postérieur de l'échancrure, en une lame transparente
très courte, avec un poil court en dehors, puis un poil long et
très fort, et enfin une petite dentelure et un poil grêle tout à fait
en dehors. Pattes de la quatrième paire renflées, à tarse très gros,

court, terminé par un tubercule en dedans de l'ambulacre. — *Femelle* semblable à celle du précédent. — *Longueur :* mâle, 0^{mm} 30.

Sur le Dur-Bec *(Strobilophaga enucleator)*, du nord de l'Europe.

4. **Alloptes lobulatus**, *n. sp.*

Mâle semblable au précédent, mais l'abdomen plus allongé et à flancs subparallèles, bilobé à son extrémité avec une courte échancrure à sommet arrondi entre les deux lobes ; chacun de ces lobes se subdivise en deux lobules, le plus interne allongé, elliptique avec un poil long inséré à sa base externe, le lobule externe plus court, obtus, portant à son extrémité un deuxième poil plus gros et plus fort que le précédent. Épimères antérieurs affrontés mais libres. — *Longueur :* 0^{mm} 35.

Sur le *Meliornis sericea* d'Australie.

5. **Alloptes microphyllus** (*Ch. Robin*, 1877).

Proctophyllodes microphyllus ; Ch. Robin ; — *Alloptes palmatus,* Canestrini (1879).

Sur le Pinson *(Fringilla cœlebs)*, d'Europe.

6. **Alloptes securiger**, *n. sp.*

Mâle semblable à celui de l'espèce précédente, l'abdomen rétréci en arrière, bilobé, avec une échancrure peu profonde ; chaque lobe terminé par une feuille transparente sécuriforme (semblable à celles de *Pseudalloptes discifer)*, croisée avec celle du côté opposé ; un poil grêle est inséré sur cette feuille même ; plus en dehors, l'abdomen porte une paire de poils très longs et très forts, et un poil court en remontant sur les flancs. Organe génital grand, pyriforme, surmonté d'un pénis grêle, long et flagelliforme, rabattu en arrière. Épimères antérieurs libres. — *Longueur :* 0^{mm} 30.

Sur *Microchelidon hirundinacea* d'Australie.

7. **Alloptes pteronyssoïdes**, *n. sp.*

Mâle semblable à celui d'*A. lobulatus ;* la partie antérieure du corps terminée de chaque côté, sur les flancs, par *un piquant dirigé en arrière* et qui forme le bord antérieur du sillon thoracique : ce piquant à pointe très aiguë, *à base large, continue avec les téguments* (et non articulée comme celle d'un poil) ; un

4

deuxième piquant (poil) dirigé en arrière, à la base de la troisième
paire de pattes. Abdomen bilobé, à bord postérieur dentelé, portant trois paires de longs poils dont le plus externe est le plus
fort. Pattes de la quatrième paire dépassant l'abdomen des deux
derniers articles. *Longueur :* 0^{mm} 30.

Sur les Manakins *(Pipra aureola, P. erythrocephala,* etc.), de
l'Amérique Méridionale.

C. Espèces dont l'abdomen est profondément échancré
chez le *mâle,* avec une lame transparente sur le bord
interne de chaque lobe; *femelles* à abdomen bilobé et terminé par des appendices gladiformes ou sétiformes.

8. **Alloptes dielytra,** *n. sp.*

Épimères antérieurs libres, un poil et un piquant sur les flancs.
— *Mâle* à corps large, à abdomen profondément échancré (comme
celui des *Analloptes elytrura, Pterolichus numenii, Pt. totani),*
jusqu'à la base de l'organe génital qui porte un pénis ensiforme,
rabattu en arrière, mais court; chaque lobe bordé sur son bord
interne d'une membrane mince, transparente, qui se prolonge
au delà du lobe en une lame triangulaire, pointue, recourbée en
dehors; chaque lobe porte à son extrémité deux poils, le plus
interne de taille moyenne, recourbé, l'autre très long et très fort,
inséré sur le bord externe du lobe; pattes de la quatrième paire
dépassant les lobes de la longueur du tarse. — *Femelle* plus
étroite et plus allongée que le mâle, à sternite vulvaire en plein
cintre, à abdomen terminé par deux lobes dont chacun porte un
appendice gladiforme. — *Longueur :* mâle, 0^{mm} 30 (sur 17 de
large); femelle, 0^{mm} 40 (sur 10 de large).

Sur les Manakins *(Pipra erythrocephala, P. aureola),* de l'Amérique Méridionale.

9. **Alloptes microphaeton,** *n. sp.*

Absolument semblable à l'*A. phaetontis* Var. *minor,* que nous
décrivons ci-après, mais encore un peu plus petit, et à abdomen
très différemment conformé, chez le *mâle,* semblable à celui de
l'espèce précédente; chaque lobe bordé en dedans d'une lame
mince, transparente, qui le déborde en arrière avec deux dents
sur son bord libre; deux poils en dehors, l'un très fort et très
long, avec un renflement dans son milieu (comme chez l'*A.*

phaetontis), l'autre plus grêle et plus court, inséré sur le bord externe du lobe; pour le reste, absolument semblable aux petites variétés de l'*A. phaetontis*. — *Femelle* semblable à celle de ce dernier, mais plus petite; les lobes de l'abdomen allongés, portent des appendices simplement sétiformes. — *Longueur :* mâle, 0ᵐᵐ 70; femelle, 0ᵐᵐ 65.

Sur le Paille-en-Queue *(Phaeton æthereus)*, avec l'espèce suivante, à laquelle elle ressemble tellement, qu'on serait tenté de la considérer comme une simple variété, n'était la forme très différente de l'abdomen.

D. Espèces à abdomen entier chez le mâle, mais rétréci en arrière, quelquefois dilaté à son extrémité et claviforme ou bordé d'une courte lame mince plus ou moins découpée; *femelle* à abdomen bilobé portant des appendices simplement sétiformes. — Ce groupe passe, par des transitions insensibles, au sous-genre *Pterocolus*.

10. **Alloptes phaetontis**, (*Linné*, 1874).

Dermaleichus phaetonis, Buchholz (1869), *Nova Acta Leop.*, 1870, pl. VI et VII.

C'est la plus grande espèce du groupe des *Proctophyllodés*. — La figure 45 de la pl. VII, de Buchholz, rend assez mal la disposition de la lame mince, festonnée, qui termine l'abdomen du mâle; la figure 40 est celle d'une nymphe (et non d'une femelle) : la femelle a les lobes de l'abdomen plus longs, et est beaucoup plus élancée; enfin, la figure 41, est la *femelle fécondée d'une autre espèce* et n'appartient certainement pas à celle-ci.

Sur le Paille-en-Queue *(Phaeton æthereus)*, des mers du Sud.

Var. *a*. **A. phaetontis minor**, *n. var.*

Mâle semblable au type mais presque de moitié plus petit; le renflement des longs poils de l'abdomen plus prononcé que dans le type; une plaque transversale foncée (qui manque au type), entre l'organe génital et les ventouses copulatrices.

Sur *Phaeton æthereus* avec le type.

Var. *b*. **A. phaetontis simplex**, *n. var.*

Mâle semblable au précédent par la taille, ou encore un peu plus petit, mais *sans renflement aux longs poils de l'abdomen*.

Sur *Phaeton æthereus* avec les deux précédents.

Cette forme et les suivantes mènent, par des transitions insensibles de figure et de taille, à l'*Alloptes crassipes* (Canestrini), type du genre ou sous-genre *Alloptes*.

11. **Alloptes bisetatus** (*Haller*, 1882).

Pterocolus bisetatus, Haller.

Sur les Hirondelles de mer *(Sterna hirundo, St. cantiaca)*, les Stercoraires *(Lestris parasiticus, L. Richardsonii)*, les Bécasseaux, *(Tringa cinclus)*, et d'autres oiseaux de rivage.

Var. *a*. **A. bisetatus minor**, *n. var.*

Mâle semblable à celui du type, mais plus petit et plus pâle, le disque terminal bordé en arrière seulement d'une lame mince portant trois festons réguliers de chaque côté. — *Longueur :* mâle, 0^{mm}37; femelle, 0^{mm}35.

Sur les Pingouins *(Alca torda)*, les Macareux *(Fratercula artica)*, les Guillemots *(Uria grylle)*, les Mouettes *(Larus ridibundus)*, etc.

12. **Alloptes cypseli**, *Canestrini et Berlese* (1881).

Sur le Martinet *(Cypselus apus)*, d'Europe.

13. **Alloptes crassipes**, *Canestrini* (1878).

Notez que la *barre transversale* figurée à l'extrémité de l'abdomen du mâle *(Atti Soc. Ven. Trent.*, VI, 1879, pl. I, fig. 3), est une pure fantaisie du dessinateur. — La *femelle* est semblable à celle d'*A. bisetatus*, avec les pattes postérieures plus courtes que l'abdomen.

Sur les oiseaux de rivage des genres *Limosa, Tringa, Eudromias, Squatarola, Numenius, Ibis, Dromas, Sterna*, etc.

Var. *a*. **A. crassipes conurus**, *n. var.*

Mâle semblable au type, mais à abdomen plus court, comme tronqué, sans élargissement ou disque terminal ; l'extrémité conique, bordée d'une lame transparente festonnée, courte, avec deux poils courts en piquants, de chaque côté. — *Longueur :* 0^{mm}33.

Sur les mêmes oiseaux que le type, mais plus rare.

Var. *b*. **A. crassipes myosurus**, *n. var.*

Mâle semblable à celui du type, mais à abdomen conique très aminci, les deux lobes très étroits, de telle sorte que les deux poils qui les terminent en semblent la continuation directe; ces deux poils accolés, avec un renflement olivaire près de leur base, allant ensuite en s'amincissant, aussi long que le corps. — *Longueur* : 0ᵐᵐ 30.

Sur *Dromas ardeola* de la mer des Indes.

Var. *c*. **A. crassipes curtipes**, *n. var.*

Mâle semblable au type, mais à pattes de la quatrième paire à peine plus grosses que celles de la troisième paire, ne dépassant pas l'extrémité de l'abdomen.

Sur l'Huitrier *(Hæmatopus ostralegus)* et le Chevalier perlé *Totanus macularius)*, d'Europe.

14. **Alloptes abbreviatus**, *n. sp.*

Plus petit et surtout plus court que les précédents; deux poils longs, le plus grêle en avant, sur les flancs; épimères antérieurs en Y allongé; ambulacres lancéolés. — *Mâle* semblable aux précédents par la partie antérieure du corps, mais à abdomen très court, élargi en arrière et comme tronqué, terminé par deux lobes arrondis avec une échancrure en arc de cercle entre les deux; chaque lobe porte un piquant court et un poil long; une lame foncée, un peu oblique de chaque côté de l'organe génital va renforcer en arrière les côtés de chaque lobe; pattes de la troisième paire divergentes, celles de la quatrième un peu plus grosses, avec un ongle robuste au tarse, l'ambulacre rejeté au dehors, dépassant l'abdomen au moins des deux derniers articles. — *Femelle* semblable à celle d'*A. crassipes*, mais moins longue; plus allongée que son mâle, les pattes plus courtes que l'abdomen et un petit tubercule incolore entre les deux lobes. — *Longueur* : mâle, 0ᵐᵐ 18; femelle, 0ᵐᵐ 25.

Sur l'Ibis rouge *(Ibis rubra)*, de l'Amérique Méridionale.

15. **Alloptes euryurus**, *n. sp.*

Semblable au précédent par son corps court et large; un poil long et fort avec un second grêle et court sur les flancs; épimères antérieurs en Y allongé. — *Mâle* de forme ovale, à abdomen conique, atténué et tronqué carrément en arrière, formant deux petits lobes accolés, très courts, portant chacun : en dedans, une petite lame transparente en forme de dent avec un poil grêle inséré dans son milieu, en dehors une deuxième dent formée par le bord externe du lobe qui porte un poil plus fort à son sommet ; une échancrure arrondie entre les deux, dans le milieu de chaque lobe ; une lame foncée oblique de chaque côté des ventouses, formant une arcade en ogive en avant de l'organe génital. Pattes postérieures coniques, avec un ongle terminal, dépassant l'abdomen de la longueur du tarse. — *Longueur :* 0^{mm} 30.

Sur la Spatule rose *(Platalea ajaja)*, de l'Amérique Méridionale.

Sous-genre Pterocolus, *Haller* (1878-1881).

Caractères. — Les deux paires de pattes postérieures assez courtes et sensiblement égales chez le *mâle ;* abdomen allongé, de forme variable, terminé par deux lobes plus ou moins rapprochés ou écartés ; *femelles* à abdomen bilobé portant (généralement) des appendices gladiformes. — Chez plusieurs espèces, les *nymphes* ont déjà l'abdomen bilobé exactement comme les femelles fécondées.

A. Espèces dont l'abdomen des *mâles* se prolonge en deux lobes étroits rapprochés en forme d'appendice claviforme, mais sans bordure transparente en forme de feuille ; *femelles* à abdomen terminé par des appendices simplement sétiformes.

Les espèces de ce groupe forment la transition du sous-genre *Alloptes* au sous-genre *Pterocolus* et montrent combien il est difficile d'établir une démarcation tranchée qui permette d'élever ces sections au rang de genre.

16. **Pterocolus trachelurus,** *n. sp.*

Un poil long et un piquant court sur les flancs; épimères antérieurs en Y allongé; ambulacres lancéolés. — *Mâle* très remarquable au premier coup d'œil par sa forme générale qui donne la sensation d'un animal à *deux têtes*, les deux extrémités du corps étant semblables, et la partie rétrécie de l'abdomen ayant les proportions du rostre; cette ressemblance est encore augmentée par la forme des pattes : celles de la première et de la quatrième paire sont semblables, coniques, accolées au rostre en avant, à la partie rétrécie de l'abdomen en arrière, avec leur troisième article fortement renflé sur son bord supéro-interne; les pattes des deuxième et troisième paires également semblables entre elles, plus courtes et moins renflées que les autres; de telle sorte qu'à un faible grossissement l'abdomen ne se distingue du rostre que par les deux longs poils que porte son extrémité postérieure; chacun des lobes étroits, accolés l'un à l'autre, qui la terminent, porte en dehors un second petit poil grêle; un cadre en ogive très allongé resserre les ventouses et l'organe génital. — *Femelle* semblable à celle d'*Alloptes crassipes*, à pattes antérieures conformées comme chez le mâle, les postérieures plus grêles, sans renflement; abdomen à lobes courts avec une échancrure peu profonde entre les deux; sternite vulvaire en arc très large. — *Longueur* : mâle, 0^{mm} 47; femelle, 0mm 45.

Sur la Spatule rose *(Platalea ajaja)* d'Amérique, avec l'*Alloptes euryurus*.

17. **Pterocolus claviger**, *n. sp.*

Semblable au précédent, mais plus petit et plus allongé; un poil long et un piquant sur les flancs; épimères antérieurs en Y allongé; ambulacres arrondis. — *Mâle* de forme losangique, l'abdomen conique, rétréci et prolongé en arrière, se terminant par un appendice en forme de massue à tête triangulaire, formé par les deux lobes accolés, avec un tubercule conique dirigé obliquement en avant sur le bord libre du renflement que chacun d'eux porte en dehors; l'extrémité postérieure avec une très courte bordure transparente, arrondie, une paire de longs poils et trois paires de poils très petits et très grêles. Pattes de la première paire accolées au rostre, renflées en forme de manche pagode, avec le troisième article très gros portant deux dents en dehors; pattes de la quatrième paire coniques, moins renflées que celles de la première, n'atteignant pas l'extrémité de l'abdomen; celles des deuxième et troisième paires semblables, plus courtes que les autres. — *Femelle* semblable à la précédente, mais à abdomen allongé, conique, les lobes assez longs, séparés par une échancrure très étroite; les pattes de la troisième paire insérées vers le milieu du corps, celles de la quatrième beaucoup plus courtes que l'abdomen. — *Longueur* : mâle, 0^{mm} 37; femelle, 0^{mm} 35.

On trouve des mâles dont les tubercules latéraux des lobes, et quelquefois même le renflement terminal tout entier, sont atrophiés, l'abdomen étant simplement conique (comme dans *Alloptes crassipes*, Var. *conurus*).

Sur l'Ibis rouge *(Ibis rubra)*, de l'Amérique Méridionale, avec *Alloptes abbreviatus*.

B. Espèces semblables aux précédents par leur forme générale, mais dont l'abdomen est profondément échancré chez le *mâle*, les lobes séparés par une large échancrure, quelquefois remplie en partie par une lame transparente qui borde les lobes; — *femelles* semblables à celles des précédents ou des suivants. — Les espèces de ce groupe passent au sous-genre *Pterodectes*.

18. **Pterocolus lambda**, *n. sp.*

Mâle semblable à *Pt. clavipes* mais à abdomen terminé par deux lobes allongés, quadrilatères, obliques, coupés carrément à leur extrémité (figurant la lettre grecque Λ), chaque lobe portant un poil très long et très fort, et un très grêle et très court, plus en dehors; bordé sur son bord interne par une lame transparente croisée à la base avec celle du côté opposé et se rétrécissant en arrière où elle se réfléchit sur le bord postérieur du lobe. — *Femelle* très grêle, à abdomen très allongé, les deux paires de pattes postérieures, assez éloignées l'une de l'autre, insérées vers le milieu du corps et beaucoup plus courtes que l'abdomen, du reste semblable à celle du *Pt. claviger*. — *Longueur* : mâle, 0^{mm}35 ; femelle, 0^{mm}43.

Sur l'Oie naine *(Nettapus auritus)*, de Madagascar.

19. **Pterocolus Edwardsii**, *n. sp.*

Corps de forme très allongée, un poil long et un gros piquant court sur les flancs, épimères en Y. — *Mâle* à abdomen prolongé en deux lobes aplatis, très longs, séparés par une échancrure linéaire, un peu renflés sur leur bord externe, tronqués obliquement à leur extrémité postérieure avec une petite pointe sur leur bord interne; chaque lobe porte à son extrémité une feuille lancéolée en forme de coutelas, insérée un peu en avant du bord postérieur, et un long poil très fort sur le renflement du bord externe. Pattes postérieures beaucoup plus courtes que l'abdomen. Pénis ensiforme, long et rabattu en arrière. — *Femelle* très différente de celles des espèces précédentes, semblable à celles des sous-genre *Pterodectes* et *Proctophyllodes*, très grêle et très allongée, l'abdomen se terminant par deux lobes coniques, effilés, en forme d'appendices gladiformes, avec un piquant très fort à la base du bord externe; sternite en fer à cheval, articulé en arrière avec les épimères des pattes postérieures (1). — *Longueur :* mâle, 0^{mm}60; femelle, 0^{mm}63 (avec les appendices gladiformes).

Sur les Rousseroles (*Sylvia turdoïdes* et *S. rubiginosa*), d'Europe.

Cette remarquable espèce est dédiée à M. Alph. Milne Edwards, membre de l'Institut, professeur au Muséum d'histoire naturelle de Paris.

20. **Pterocolus bilaniatus,** *n. sp.*

Mâle semblable au précédent, mais à corps moins allongé, les épimères antérieurs affrontés, mais libres; les lobes de l'abdomen séparés par une échancrure plus large, elliptique, avec une paire de piquants à pointe mousse, très rapprochés, inséré au fond de l'échancrure, en arrière de l'anus; le poil terminal de chaque lobe long et normal, le renflement du bord externe en forme de dent ou de petit lobe dirigé en arrière, avec le poil inséré à son sommet, plus grêle que le précédent. Pattes de la quatrième paire un peu plus grosses que celles de la troisième, beaucoup plus courtes que l'abdomen. — *Longueur :* 0^{mm}43.

Sur la Fauvette à gorge jaune *(Mniotilta citrea)*, des Antilles.

21. **Pterocolus ortygometræ** *(Canestrini*, 1878).

Dermaleichus Ortygometræ et *Pterolichus Ortygometræ*, Canestrini.

Sur les petites Poules d'eau *(Ortygometra porzana* et *O. pusilla)*, d'Europe.

Var. *a.* **Pt. ortygometræ furcifer,** *n. var.*

Mâle semblable au type, mais la feuille en forme de collerette de l'extrémité de chaque lobe plus courte, sans plis, et rebordant

---

(1) La *nymphe* ressemble à la femelle du *Pt. lambda* par la forme de ses lobes abdominaux.

l'extrémité en dehors jusqu'à moitié de la longueur du lobe ; un poil court dirigé en arrière, inséré sur cette feuille. — *Longueur* : 0^{mm}38.

Sur le *Cursorius bicinctus* de l'Afrique Méridionale.

22. **Pterocolus flagellifer**, *n. sp.*

Mâle très semblable au précédent, dont il n'est peut-être qu'une variété, mais les lobes de l'abdomen plus allongés, parallèles, circonscrivant une échancrure elliptique ; l'organe génital surmonté d'un *pénis grêle, flagelliforme, plus long que le corps de l'animal,* qui le porte replié en spirale dans son tiers antérieur, et l'extrémité dirigée en arrière. — *Longueur* : 0^{mm} 47.

Sur les Bécasseaux *(Tringa cinclus, T. Temminckii, T. minuta),* d'Europe.

Var. *a.* **Pt. flagellifer discurus**, *n. var.*

Mâle très semblable au type mais le corps plus grêle, comme comprimé, les bordures internes des lobes séparées par une échancrure linéaire, croisées et se recouvrant au fond de l'échancrure. Pas de collerette, mais trois dents en festons à l'extrémité du lobe, qui est largement rebordé en dehors.

Sur la Grue cendrée *(Grus cinerea),* d'Europe.

C. Espèces dont l'abdomen du *mâle* se prolonge en deux lobes accolés en forme de manche de guitare, chaque lobe étant terminé par une bordure transparente en forme de feuille ; pattes postérieures sensiblement égales ; — *femelles* à abdomen profondément bilobé, et portant des appendices simplement sétiformes ; les *nymphes* semblables aux femelles par les lobes de l'abdomen ; ambulacres en cloche ou pyriformes. — Ce groupe (genre *Pterocolus*, Haller), passe aux *Proctophyllodes* proprement dits.

23. **Pterocolus corvinus** (*Koch*).

Sur un grand nombre de *Corvidæ* et d'autres passereaux *(Sturnus vulgaris, Lamprotornis sp., Sericulus melinus,* etc.), d'Europe, d'Asie, d'Afrique et d'Australie. Plusieurs variétés, parmi lesquelles l'espèce suivante.

24. **Pterocolus eulabis** (*Buchholz*, 1869).

La femelle que Buchholz donne *(Nova Acta Leop.*, 1878, pl. II,
fig. 9), comme celle de la présente espèce, est la femelle du *Pterodectes mainati* que nous décrivons ci-après. — La femelle du
Pt. eulabis est semblable à celle du *Pt. corvinus.*

Sur le Mainate *(Eulabes religiosa)*, de Java.

25. **Pterocolus gracilepinnatus** (*Haller*, 1882).

Cette espèce paraît remplacer les précédentes en Amérique. Le
type de M. Haller vit sur *Empidonax flaviventris* de l'Amérique
du Nord. Nous avons rencontré la même espèce (ou une espèce
ou variété voisine : *Pt. ichthyurus*, n. sp.?), sur *Cyanocorax
hyacynthinus, Psarocolius citrius, Anisognathus lunulatus, Selene-
dira maculirostris*, et beaucoup d'autres passereaux (Aracaris,
Tangaras, Cotingas, etc.) de l'Amérique Méridionale. Il existe
aussi plusieurs variétés, dont fait peut-être partie la forme
suivante.

26. **Pterocolus bifurcatus**, *n. sp.*

Mâle semblable à celui de *Pt. corvinus*, mais l'échancrure abdominale plus profonde, chaque lobe terminé par une feuille ovale,
pointue, entière (et non arrondie et crénelée sur son bord libre).
— *Femelle* ayant le fond de l'échancrure abdominale bordé par
une lame transparente semi-lunaire dans laquelle disparaît le
tubercule conique, incolore, que porte en ce point la femelle du
Pt. corvinus. — Mêmes dimensions que les précédents.

Sur la Fauvette phragmite *(Calamodyta aquatica)*, d'Europe.
Une variété peu différente vit sur l'*Eurylaimus ochromelas* de
Malacca, le *Centropus viridis* des Philippines, etc.

D. Espèces dont l'abdomen du *mâle* est semblable à
celui des mâles du groupe précédent, mais les pattes de la
troisième paire plus longues et plus fortes que celles de
la quatrième, qui sont insérées à l'aisselle des précédentes,
comme dans le genre *Megninia.* — *Femelles* et nymphes
comme dans le groupe précédent. — On peut désigner
ce groupe sous le nom de *Pseudalges* (par contraction de
Pseudo-Analges).

27. **Pterocolus analgoïdes**, *n. sp.*

Mâle semblable à *Pt. corvinus* par sa forme générale; un piquant assez long dirigé en arrière, un poil long et un piquant court sur les flancs; un piquant plus petit sur le premier article de la troisième paire de pattes; épimères antérieurs en V. Pattes de la troisième paire assez fortes, continuant la ligne des flancs, atteignant l'extrémité de l'abdomen; pattes de la quatrième paire, plus courtes et plus grêles, insérées à l'aisselle des précédentes, dépassant à peine l'articulation du tarse de celles de la troisième paire. Lobes de l'abdomen étroitement accolés, séparés par une échancrure linéaire et prolongés par une feuille profondément crénelée avec un poil fort et plus court que le lobe à l'extrémité, et un poil beaucoup plus long sur le bord externe; le tubercule laléral, situé en avant de ce poil, en forme de dent très forte, avec un poil court, recourbé, inséré sur son bord antérieur. Une lame foncée formant arcade en avant des ventouses génitales. — *Longueur* : 0ᵐᵐ 47. — Femelle semblable aux précédents.

Sur le Guépier *(Merops apiaster)*, de l'Europe Méridionale. —

Une variété un peu différente, à pattes postérieures moins inégales, vit sur *Merops badius* de Malacca.

28. **Pterocolus gracilipes**, *n. sp.*

Semblable au précédent, mais plus grêle, le premier piquant des flancs plus court, dirigé en haut ou en dehors; épimères antérieurs libres ; le tarse des pattes recourbé et tordu (comme chez les *Megninia)*, et portant sur son bord interne, à l'extrémité, une expansion transparente en lame de rasoir; les pattes postérieures plus grêles que les antérieures dans les deux sexes. — *Mâle* à feuilles de l'extrémité de l'abdomen à bord entier, non crénelé, le tubercule externe du lobe court et obtus (comme chez *Pt. corvinus)*, l'arcade qui précède les ventouses ouverte en avant. — *Femelle* semblable à celle du *Pt. corvinus* mais à abdomen fortement fourchu, *chaque lobe terminé par un appendice gladiforme non articulé*, outre les deux poils sétiformes insérés sur le bord externe de chaque lobe. — *Longueur :* mâle, 0ᵐᵐ50, femelle, 0ᵐᵐ50 (avec les appendices gladiformes).

Sur les Pies-Grièches *(Lanius excubitor,* etc.), d'Europe ; — une variété plus grêle, à feuille légèrement échancrée sur son bord postérieur, vit sur le *Psarisomus Dalhousiæ* et l'Eurylaime nasique *(Cymbirhynchus macrorhynchus)*, de Malacca.

Sous-genre Proctophyllodes proprement dit.

Caractères. — *Mâles* à abdomen tronqué et terminé par deux feuilles transparentes, ovales et plus ou moins allongées ; — *femelles* à abdomen bilobé et terminé par deux appendices généralement gladiformes. Pattes postérieures sensiblement égales dans les deux sexes.

Ces acariens vivent sur tous les passereaux de petite taille : le type est *Proctophyllodes glandarinus* (Kock et Robin), près duquel viennent se placer les *Pr. profusus*, *Pr. truncatus* (Robin), *Pr. stylifer* (Buchholz), *Pr. socialis* (Giebel).

Les espèces exotiques diffèrent peu de celles d'Europe.

29. Proctophyllodes megaphyllus, *n. sp.*

Semblable au *Pr. glandarinus,* mais le *mâle* avec les feuilles abdominales presque deux fois plus longues, l'organe génital en arc portant un pénis en forme de *compas fermé*, c'est-à-dire formé de deux pointes grêles accolées, rabattu en arrière mais ne dépassant pas les ventouses copulatrices ; celles-ci insérées aux deux extrémités de l'arc qui supporte l'organe génital. — *Longueur* : mâle, 0ᵐᵐ 37 (0ᵐᵐ 50 avec les feuilles) ; femelle, 0ᵐᵐ 60 (avec les appendices gladiformes).

Sur les Accenteurs *(Accentor modularis,* etc.), d'Europe.

Parmi les espèces exotiques les plus remarquables nous signalerons les deux suivantes qui forment la transition au sous-genre *Pterodectes*.

30. Proctophyllodes fenestralis, *n. sp.*

Mâle à abdomen profondément échancré en forme d'ogive flamboyante, avec un lobe triangulaire de chaque côté, tronqué à son extrémité où il porte une feuille allongée, pointue, mais recourbée sur elle-même en dehors, de manière que sa pointe est dirigée en avant et vient s'appliquer sur la face inférieure du lobe, de telle sorte qu'au premier abord on croirait voir une feuille ovale, percée dans son milieu d'une ouverture elliptique ; chaque lobe porte en outre un poil très gros et très long en dehors de la feuille, un poil plus grêle en dedans, et un troisième poil court et très grêle vers le fond de l'échancrure. Pattes de la quatrième paire plus grosses que celles de la troisième, n'atteignant pas l'extrémité de l'abdomen. Organe génital ensiforme, court, et ventouses conformées comme celles des *Pterodectes*. — *Longueur* : $0^{mm}33$ (sans les feuilles).

Sur l'Oiseau-Mouche à gorge bleue *(Helianthea Bonapartei)*, de la Nouvelle-Grenade.

31. **Proctophyllodes intermedius**, *n. sp.*

Mâle à abdomen tronqué, portant deux lames transparentes semblables à celles de *Pr. glandarinus*, mais tronquées et coupées carrément après leur premier tiers et portant chacune sur son bord libre trois poils, dont l'intermédiaire est le plus long, le plus interne court, élargi en lame de coutelas avec une forte nervure au milieu; une échancrure aiguë n'entamant pas l'abdomen entre les deux lames. Un poil long et un gros tubercule mousse sur les flancs. Épimères en Y à pied transversal court. Du reste, semblable au précédent. *Longueur* : $0^{mm}37$.

Sur l'*Eurylaimus ochromelas* de Malacca.

Sous-genre PTERODECTES, *Robin* (1877).

Caractères. — Abdomen du *mâle* terminé par deux lobes arrondis, portant des poils simples ou aplatis, mais sans expansions en forme de feuille; abdomen de la *femelle* plus ou moins profondément bilobé et portant généralement des appendices gladiformes.

A. Aux trois espèces décrites par M. Robin (*Pterodectes rutilus*, *Pt. cylindricus* et *Pt. bilobatus*), nous ajouterons les suivantes, se rattachant au même type, très répandu et cosmopolite, ne différant que par la taille et les proportions.

32. **Pterodectes major**, *n. sp.*

Grande et belle espèce, une des plus grande du groupe; un poil long et un gros piquant court sur les flancs; épimères antérieurs en Y; l'abdomen portant une bordure transparente sur les flancs dans les deux sexes. — *Mâle* à abdomen plus étroit que le thorax, mais élargi en arrière par la bordure des flancs, formant deux lobes arrondis très courts qui partent chacun de dedans en dehors, un piquant court, un poil long moyen, un poil long et très gros et un poil très grêle. Pénis ensiforme court. Pattes de la quatrième paire un peu plus grosses que celles de la troisième, n'atteignant pas l'extrémité de l'abdomen. — *Femelle* plus grande que le mâle, à abdomen bilobé portant deux longs appendices gladiformes très aigus et un piquant moitié moins long sur le bord externe du lobe. — *Longueur :* mâle 0^{mm}65, femelle 0^{mm}80 (sans les appendices gladiformes et 1^{mm} avec ceux-ci).

Sur le Ménure lyre *(Menura superba),* d'Australie. — On trouve sur le même oiseau un autre *Pterodectes* de moitié plus petit (mâle 0^{mm}32, femelle 0^{mm}60), le mâle semblable mais plus grêle et sans bordure aux flancs, la femelle semblable mais avec un petit piquant *en dedans* de chaque lobe, près de la base de l'appendice gladiforme.

33. **Pterodectes gracilis,** *n. sp.*

Plus allongé et plus grêle que le précédent, les plaques dorsales criblées de petits trous ; épimères antérieurs affrontés, mais libres, ou réunis à leur extrémité seulement par une bande transversale en forme de pied. — *Mâle* à abdomen bilobé portant sur chaque lobe un piquant, un poil long et un poil grêle ; pénis ensiforme très long, atteignant ou dépassant l'extrémité de l'abdomen : pattes postérieures atteignant à peine cette extrémité. — *Femelle* à abdomen *fortement étranglé* en arrière, puis se dilatant pour former *deux lobes accolés, renflés, globuleux,* avec un appendice gladiforme grêle au sommet de chacun d'eux, un poil très grêle à la base de cet appendice et un fort piquant sur le bord externe du lobe. Pattes postérieures plus courtes que l'abdomen. — *Longueur :* mâle 0^{mm}45, femelle 0^{mm}65, (0^{mm}75 avec les appendices.)

Sur le Troupiale *(Psarocolius citrius)* et les Pies bleues *(Xanthoura yncas, Cyanocorax pileatus)* du Brésil et de la Nouvelle-Grenade. — On trouve sur ce dernier oiseau un autre *Pterodectes* dont le mâle est beaucoup plus trapu, plus large, presque ovale, l'abdomen plus profondément échancré, les pattes postérieures dépassant l'extrémité du corps de la longueur du tarse ; la femelle très semblable à la précédente, mais un peu plus large, à plaques dorsales plus foncées et non criblées *(Pt. crassus).*

Une espèce ou variété plus petite, allongée, vit sur les Moucherolles *(Milvulus tyrannus)* du même pays.

34. Pterodectes paradisiacus, *n. sp.*

Semblable au *Pt. major* par sa forme générale, mais plus petit, plus grêle et sans lame sur les flancs ; épimères de la première paire en V avec une lame transversale s'articulant avec ceux de la deuxième paire ; plaques dorsales souvent criblées. *Mâle* à pénis ensiforme aussi long que l'abdomen, pattes postérieures dépassant l'extrémité du corps. — *Longueur :* mâle 0^{mm} 30, femelle 0^{mm} 55 (avec les appendices gladiformes).

Sur les Paradisiers *(Paradisea minor)* de la Nouvelle-Guinée et le Séricule prince-régent *(Sericulus melinus)* d'Australie.

35. Pterodectes megacaulus, *n. sp.*

Mâle de forme allongée, linéaire, l'abdomen étroit, à lobes accolés, *sans échancrure,* portant de chaque côté un piquant court, deux poils longs, et un poil plus court, inséré en dehors sur la face dorsale du lobe ; *pénis ensiforme plus long que le corps,* dépassant en arrière les plus longs poils de l'abdomen ; pattes de la quatrième paire renflées mais très courtes. — *Longueur :* 0^{mm} 47.

Sur lé Souimanga à gorge écarlate *(Nectarinia afra)* du Sénégal.

36. Pterodectes gracilior, *n. sp.*

Semblable aux précédents, mais beaucoup plus petit, d'un roux pâle avec deux lames plus foncées le long des flancs, depuis le sillon thoracique jusqu'à l'extrémité des lobes qui, chez le *mâle,* sont séparés par une échancrure profonde et portent chacun deux poils longs et un troisième plus court en dehors ; pattes postérieures grêles, allongées, dépassant l'abdomen. — *Femelle* plus grande et plus longue que le mâle, portant à l'extrémité de l'abdomen deux lobes coniques, très écartés l'un de l'autre et terminés par un appendice gladiforme droit très long et très aigu ; un poil fort, en dehors, à la base de chaque lobe ; sternite vulvaire à bord antérieur presque carré. — *Longueur :* mâle 0^{mm} 28, femelle 0^{mm} 60 (avec les appendices).

Sur les Colibris et les Oiseaux-Mouches *(Topaza pella, Chrysolampis mosquitus, Thalurania columbica, Lophornis ornatus, etc.),* de l'Amérique méridionale.

B. Les deux espèces qui suivent ont les pattes de la première paire fusiformes, fortement renflées, ou pourvues

de tubercules en forme de manchettes (cette disposition
existe *à l'état rudimentaire* chez plusieurs des espèces
précédentes : *Pt. gracilis*, etc.), qui ont les pattes de la
première paire plus grosses et plus longues que celles de
la seconde.

37. **Pterodectes mainati**, *n. sp.*

Semblable aux précédents, par la taille et les proportions géné-
rales, par la barre transversale des épimères antérieurs, mais les
pattes antérieures à pénultième article (tibial) fortement renflé,
surtout chez la femelle. — *Mâle* à abdomen bilobé portant de
chaque côté : un piquant en fer de lance, un poil long et un poil
court ; pattes postérieures atteignant l'extrémité de l'abdomen,
qui est dépourvu de lame foncée, cette lame bordant simplement
les flancs. — *Femelle* décrite et figurée par Buchholz *(Nova Acta
Leopold.* 1869, t. xxxv, p. 23, pl. II, fig. 9), sous le nom de
« *Dermaleichus eulabis*, fem. » — *Longueur :* mâle 0ᵐᵐ40,
femelle 0ᵐᵐ70 (avec les appendices).

Sur le Mainate *(Eulabis javanensis)*, en société de *Pterocolus
eulabis;* — une variété à piquant simple (non en fer de lance), vit
sur *Eurylaimus ochromelas*, de la Malaisie, et sur le Merle doré
(Lamprocolius glaucovirens), du Gabon; une autre, à lobes abdominaux fortement renforcés en arrière, à plaques dorsales criblées,
(Pt. trulla), se trouve sur les Touracos *(Corythaix macrorhyncha)*,
du même pays. — Une espèce plus petite et plus grêle *(Pterodectes bacillus)*, à piquant lancéolé, vit sur le Sénégali *(Ortygos-
piza polyzona)*, d'Abyssinie.

38. **Pterodectes manicatus**, *n. sp.*

Mâle semblable au précédent mais plus petit ; épimères antérieurs en Y avec une barre transversale allant s'articuler avec ceux
de la deuxième paire et figurant ainsi la lettre H; plaque dorsale
criblée de trous très larges et ovales; pattes de la première paire
fortement renflées, le pénultième article (tibial), énorme, en forme
de manchette, portant un tubercule bi- ou tri- denté, saillant
en arrière et en haut, l'article précédent (le troisième) portant
trois piquants, dont deux gros et un grêle; abdomen bilobé,
chaque lobe portant deux poils longs et un troisième plus court
et plus grêle en dehors. Pattes postérieures plus courtes que

l'abdomen. Pénis ensiforme, dépassant l'extrémité du corps. — *Longueur* : 0^{mm} 33.

Sur le *Glyciphila fasciata* d'Australie.

C. Les trois espèces suivantes s'éloignent des précédentes par la forme de l'abdomen et par la présence de poils en feuilles à l'extrémité postérieure; les pattes antérieures ne sont pas renflées plus que d'ordinaire.

39. **Pterodectes trochilidarum**, *n. sp.*

De la taille du *Pt. gracilior* mais plus large, d'un roux foncé, les épimères antérieurs réunis par une barre transversale; l'abdomen du *mâle* étranglé dans son tiers postérieur, puis dilaté en forme de disque formé par deux lobes en demi-cercle, séparés par une échancrure triangulaire, chacun d'eux portant une feuille courte, elliptique, pointue, un poil long et fort et un poil plus court, en dehors; pénis ensiforme, médiocrement long; une arcade foncée en avant de l'organe génital. — *Longueur* : 0^{mm} 25.

Sur les Oiseaux-Mouches *(Chrysolampis mosquitus, Topaza pella, Lophornis ornatus, Cynanthus mocoa*, etc.) de l'Amérique méridionale.

40. **Pterodectes xiphiurus**, *n. sp.*

Semblable au précédent mais plus grand, sans étranglement à l'abdomen du mâle, les plaques dorsales criblées; l'abdomen du *mâle* bilobé portant de chaque côté une feuille en lame de couteau, un poil long et un poil très petit et très grêle, recourbé, sur le bord externe. Pénis ensiforme médiocre; ventouses copulatrices conformées comme dans le sous-genre *Proctophyllodes* proprement dit. Pattes postérieures atteignant l'extrémité de l'abdomen. — *Longueur* : 0^{mm} 30.

Sur le *Psarisomus Dalhousiæ* de Malacca.

41. **Pterodectes gladiger**, *n. sp.*

De la taille du *Pt. trochilidarum*, mais à abdomen plus allongé, d'un roux vif, avec deux lames de renforcement sur les flancs, en arrière du sillon thoracique. — *Mâle* à abdomen non lobé, mais élargi en arrière et se terminant par une lame mince, légèrement échancrée en arc de cercle, et qui porte de chaque côté un poil élargi en lame de couteau de table ou de spatule, croisé obliquement avec celui du côté opposé, puis un poil long et deux autres plus courts insérés sur le bord externe de l'échancrure. Pénis ensiforme médiocre et pattes postérieures plus courtes que l'abdomen. — *Femelle* beaucoup plus longue que le mâle, à abdomen très allongé, terminé par deux lobes elliptiques, séparés par une échancrure linéaire profonde et terminés par un petit disque transparent, de telle sorte que l'appendice gladiforme est rejeté sur le bord externe et s'insère avant l'extrémité du lobe, à la base du petit disque terminal; un poil fort, en dehors, à la base de chaque lobe. Pattes postérieures beaucoup plus courtes que l'abdomen ; sternite vulvaire en fer à cheval s'articulant en arrière avec les épimères postérieurs. — *Nymphe* à abdomen terminé par deux lobes triangulaires très écartés, avec un poil au sommet de chacun d'eux, et un petit tubercule conique portant un poil sur leur bord externe à la base du lobe, qui est rétrécie en arrière de ce tubercule. — *Longueur :* mâle 0^{mm}32, femelle 0^{mm}50 (0^{mm}60 avec les appendices gladiformes), nymphe 0^{mm}36.

Sur les Oiseaux-Mouches : *Chrysolampis mosquitus, Eulampis jugularis, Lampornis viridis*, etc., de l'Amérique méridionale et des Antilles.

D. Les espèces suivantes ont les formes plus lourdes, plus trapues, le corps plus large que les précédentes.

42. **Pterodectes trogonis**, *n. sp.*

Mâle à abdomen faiblement bilobé, l'échancrure très courte, chaque lobe portant deux poils longs et un court; pattes de la quatrième paire un peu plus grosses que celles de la troisième, à tarse assez grêle, falciforme, atteignant ou dépassant l'abdomen. Pénis ensiforme mais très court. Epimères antérieurs en V à branches cintrées. — *Femelle*, plus longue que le mâle, semblable à celles du sous-genre *Proctophyllodes*, l'abdomen portant deux lobes à appendices gladiformes, le sternite vulvaire en arc, non prolongé en arrière et n'allant pas rejoindre les épimères postétérieurs. — *Longueur :* mâle 0^{mm}33, femelle 0^{mm}55, (avec les appendices).

Sur les Couroucous *(Trogon curucui, Trogonurus collaris, Harpactes rutilus)*, de l'Amérique méridionale et de la Malaisie. — Il existe une variété à abdomen plus court et plus étroit, dépassé par les pattes de la quatrième paire, ce qui lui donne un peu le facies d'*Alloptes Norneri* et des espèces voisines.

43. Pterodectes selenurus, *n. sp.*

Encore plus court et plus trapu que le précédent; épimères antérieurs libres, réunis seulement à leur base par une petite barre transversale qui ne se prolonge pas en dehors. — *Mâle* à abdomen bilobé, un peu renflé dans sa moitié postérieure, les flancs bordés d'une forte lame foncée en arrière de la troisième paire de pattes, chaque lobe portant un piquant court, un poil long et un plus court en dehors; pénis ensiforme n'atteignant pas l'extrémité de l'abdomen. — *Femelle* plus grande que le mâle, très différente des autres espèces par la forme de son abdomen qui est échancré en demi-cercle comme celui du mâle de *Pterolichus lunula*, et porte de chaque côté un lobe court, triangulaire, bifide, plus large à l'extrémité qu'à la base, la pointe postérieure recourbée en dedans, de manière que l'appendice gladiforme s'insère obliquement sur son bord postéro-externe, avec un poil grêle à sa base, la pointe externe ou basale dirigée en arrière et portant un piquant assez long; pattes postérieures plus courtes que l'abdomen. — *Longueur* : mâle, 0^{mm}25 à 27; femelle, 0^{mm}43 (0^{mm}55 avec les appendices gladiformes).

Sur les Oiseaux-Mouches *(Cynanthus mocoa, Topaza pella)*, de l'Amérique Méridionale.

Sous-genre PTEROPHAGUS, *Mégnin* (1877).

Une seule espèce connue.

Pterophagus strictus, *Mégnin* (1877).

Sur les Pigeons *(Columbidæ)*; probablement cosmopolite.

Quatrième section : LES DERMOGLYPHÉS.

Caractères. — Plaque notogastrique nulle ou rudimentaire *chez l'adulte* dans les deux sexes, qui ne diffèrent absolument que par l'organe génital; ventouses copulatrices rudimentaires ou nulles chez le mâle.

Genre CHEYLABIS, *n. g.* (1).

Lèvre inférieure munie de chaque côté d'une plaque en forme d'onglet recourbé, à base large, à pointe aiguë,

---

(1) Le nom d'*Anoplites* imposé primitivement à ce genre a été changé comme étant préoccupé (*Anoplitis*, Kirby, 1837).

semblable à l'onglet mobile des mandibules. — Une disposition semblable se trouve chez les *Crameria*, et l'espèce type du genre actuel a le facies des nymphes de ce dernier genre. — Ventouses copulatrices rudimentaires ou nulles.

1. Cheylabis latus, *n. sp.*

Facies des *Crameria*, notamment de *Cr. lyra*. Abdomen très légèrement bilobé dans les deux sexes. D'un roux pâle et transparent avec une plaque dorsale rudimentaire triangulaire au-dessus de l'anus et deux bandes latérales granuleuses plus foncées sur les flancs ; le reste des téguments plissés ; épimères courts, libres, d'un rouge vif comme chez les *Crameria* ; outre l'onglet de la lèvre inférieure, qui est ici court et droit, les palpes maxillaires portent un poil en forme de cirre, recourbé en dedans, et un second poil plus grêle. — *Mâle* à ventouses copulatrices rudimentaires, pâles, très difficile à voir, placées tout à fait à l'extrémité de chaque lobe abdominal ; organe génital placé en arrière des pattes de la quatrième paire, large, court, conique, tronqué en avant, à base échancrée en accent circonflexe. — *Femelle* plus allongée que le mâle, à vulve en Y renversé, surmontée d'un court sternite en arc. — *Longueur :* mâle, 0^{mm}38 (sur 0^{mm}27 de large) ; femelle, 0^{mm}45 (sur 0^{mm}30 de large).

Sur le Milan hirondelle *(Elanus melanopterus)*, du Sud de l'Europe et d'Afrique.

2. Cheylabis præcox, *n. sp.*

Plus allongé que le précédent, l'abdomen entier, sans trace de plaque notogastrique ni de ventouses copulatrices ; mâle et femelle absolument semblables aux nymphes, sauf les organes génitaux. Onglet de la lèvre inférieure fort et recourbé ; pas de cirre crochu aux palpes maxillaires ; d'un roux très pâle et transparent, avec les épimères libres, un peu plus foncés, sans renflement à leur base. — *Mâle* ayant la place des ventouses copulatrices occupée, de chaque côté de l'anus, par deux petits poils grêles à soubassement pas plus large que d'ordinaire ; organe génital semblable à celui de l'espèce précédente, entre les pattes de la quatrième paire. — *Femelle* semblable au mâle, mais à vulve en V renversé à bord antérieur plissé, surmontée d'un court sternite en arc. — *Longueur :* mâle, 0^{mm}40 (sur 0^{mm}23 de large) ; femelle, 0^{mm}45 (sur 0^{mm}25).

Sur l'*Asturina nitida* de l'Amérique Méridionale.

Genre Dermoglyphus, *Mégnin* (1877).

Dermoglyphus elongatus, *Mégnin* (1877).

Sur la Poule domestique, le Serin de Canaries, le Bengali et d'autres passereaux (Mégnin).

Les espèces nouvelles que nous venons de passer rapidement en revue, seront décrites plus amplement et les plus importantes seront figurées dans la seconde partie de l'ouvrage intitulé : *Les Sarcoptides Plumicoles.*

APPENDICE

Note sur l'article intitulé : « **La Systematica dei Sarcoptidi,** » par le Dr A. Berlese (*Bulletino della Società Entomologica Italiana*, XVI, p. 287, novembre 1884).

Dans l'article dont nous venons de donner le titre, M. Berlese traitant de la classification des *Analgesinæ*, cite le travail que nous avons publié, en commun avec M. Mégnin, dans les *Comptes-rendus de l'Académie des Sciences de Paris*, 21 janvier 1884, p. 157, sous le titre de : « *Note sur la classification des Sarcoptides plumicoles* (1), » et qui renferme un tableau dichotomique des genres que nous admettons dans cette sous-famille. — Au sujet des caractères que nous avons assignés au genre *Alloptes* (Canestrini), M. Berlese dit : « *Qui pero devo far rilevare un errore.* » Il nous sera facile de démontrer que c'est M. Berlese lui-même qui est absolument dans l'erreur, aussi bien dans sa caractéristique du genre *Alloptes*, que lorsqu'il considère ce genre comme étant synonyme de *Pterocolus* (Haller).

---

(1) Reproduit dans le *Bulletin de la Société d'Études scientifiques d'Angers*, (1882-83), p. 138.

1. En ce qui a rapport aux caractères du genre *Alloptes*, M. Berlese a raison d'en écarter les *Alloptes cerambicis* et *A. blaptis* pour les placer dans son nouveau genre *Canestrinia;* mais il commet une erreur des plus graves quand il caractérise le genre *Alloptes* dans les termes suivants : « *Femelle accouplée ayant le bord postérieur de l'abdomen entier!* » En effet, les règles les plus élémentaires de la morphologie des *Analgesinæ*, — règles posées dès 1868 par M. Ch. Robin (1), — exigent que l'on caractérise les genres, chez les *Sarcoptides, non d'après la femelle accouplée, nubile on vierge qui* n'est qu'une nymphe, *mais d'après la femelle fécondée ou ovigère, pourvue de sa vulve de ponte, et qui seule est adulte.* Or les femelles adultes d'*Alloptes*, ont toujours l'abdomen *fourchu* ou *bifide* ainsi que M. Berlese peut s'en assurer en étudiant les différents types qui appartiennent à ce genre. — En effet, comme nous l'avons montré dans les pages qui précèdent :

Alloptes palmatus (Canestrini, 1879) = *Proctophyllodes microphyllus* (Robin, 1877);

Alloptes hastatus (Berlese, 1884) = *Proctophyllodes hemiphyllus* (Robin, 1877);

et les femelles adultes de ces deux espèces ont l'*abdomen fourchu.* Il en est de même d'*Alloptes crassipes* (Canestrini), — que nous persistons à considérer, *pour de bonnes raisons,* comme le type du genre, — et c'est aussi le cas pour *Alloptes phaetontis* dont *A. crassipes* n'est qu'un diminutif. — Ce genre ne peut être confondu avec notre sous-genre *Pseudalloptes,* qui est une subdivision de *Pterolichus,* et dont la femelle adulte a réellement l'abdomen entier, comme tous les *Pterolicheæ.*

2. Le genre *Alloptes* (Canestrini), est *tout aussi naturel* que le genre *Pterocolus* (Haller), et ne peut être confondu avec ce dernier : en effet dans son premier travail, en 1878, M. Haller, créant le genre *Pterocolus,* y place seulement les *Pt. corvinus* et *Pt. eulabis* (et nullement *A. crassipes,*

---

(1) *Comptes rendus de l'Académie des sciences,* t. LXVI (1868).

qu'il ne connaissait pas), et donne pour caractère à son genre : « *toutes les pattes également développées;* » c'est SEULEMENT EN 1882 qu'il modifie la caractéristique de ce genre en ajoutant : « *ou bien la quatrième paire plus grosse chez le mâle,* » afin de pouvoir y introduire les *Alloptes bisetatus* (Haller) et *A. cypseli* (Canestrini). Haller, du reste, ajoute : « *l'abdomen de la femelle profondément bifide, terminé par deux pointes coniques,* » ce qui semble avoir échappé à M. Berlese. — Le genre *Alloptes* est *tout aussi naturel* que le genre *Pterocolus*, car LA FORME DE L'ABDOMEN EST PLUS VARIABLE QUE LA FORME DES PATTES chez les *Analgesinæ*, et *Pterocolus* diffère très peu de *Proctophyllodes;* on a vu précédemment que nous avons conservé ces deux groupes, mais comme de simples sous-genres de *Proctophyllodes* (1).

3. Quant au genre *Megninia*, il nous est impossible de l'admettre avec le seul caractère que lui donne M. Berlese : « *l'articulation de l'abdomen* » qui distingue cette espèce est UN CARACTÈRE PUREMENT SPÉCIFIQUE; et, d'une manière générale, on peut dire que *si l'on fait entrer la forme de l'abdomen* (EXCESSIVEMENT VARIABLE *chez les Analgesinæ*), *dans la caractéristique des genres, on sera forcément amené à créer* AUTANT DE GENRES QUE D'ESPÈCES, et à séparer des espèces très proches alliées. — D'un autre côté, le genre *Dimorphus* (Haller, 1878), ne peut être conservé pour deux raisons : 1° Il correspond (en partie) au genre *Pteronyssus* (Robin, 1877); 2° le nom de *Dimorphus* est depuis longtemps plusieurs fois préoccupé (*Dimorpha*, Jurine, 1807, — Gray, 1840, — Hodgson, 1841, etc.), et conformément aux règles de la nomenclature admises, doit être rejeté. De telle sorte qu'en se conformant à ces règles, c'est le nom de *Megninia* (Berlese, 1882), qui a la priorité pour désigner le genre auquel M. Mégnin, en 1880 (2), avait restreint le nom de *Dermaleichus* (Mégnin *ex* Koch).

---

(1) C'est surtout par *la forme du pénis* que *Pterocolus* diffère de *Proctophyllodes*.

(2) Les *Parasites et les Maladies Parasitaires*, 1880, p. 150.

Enfin, nous ne pouvons admettre comme *valables* les espèces nouvelles dont M. Berlese a donné les courtes diagnoses *sur la couverture des livraisons de ses* Acari et Myriapodi Italiani, *cette couverture devant être détruite quand on brochera ou reliera ces livraisons en volume.* Ce mode de publicité est contraire aux usages reçus dans la science, et il est de toute nécessité que l'auteur adopte une forme de publication *plus régulière*, s'il tient à assurer son droit de priorité.

Nous terminerons, en donnant l'essai de *classification parallélique* suivant, qui fera mieux comprendre les rapports mutuels des genres ou sous-genres que nous plaçons dans les trois grands groupes des *Analgesiens :*

ANALGESINÆ.

Sectio I. Pterolicheæ.	Sectio II. Analgeseæ.	Sectio III. Proctophyllodeæ
Pattes antérieures inermes ; femelles à abdomen entier.	Pattes antérieures épineuses ; femelles à abdomen entier.	Pattes antérieures inermes ; femelles à abdomen fourchu.
Freyana.	—	—
Pterolichus.	Analges.	Proctophyllodes.
Protolichus.	Protalges.	Pterodectes.
Pseudalloptes.	Analloptes.	Alloptes.
Xoloptes.	Xolalges.	—
Pteronyssus.	Megninia.	*(Pseudalges)*.
Etc.	—	Pterocolus.
		Etc.

Le nom de « *Pseudalges* » ne figure ici que pour mémoire, afin de montrer que l'*on trouve aussi parmi les* Procto-phyllodés *des espèces à pattes de la troisième paire plus développées que celles de la quatrième*, comme dans *Megninia* et *Pteronyssus;* mais les espèces en question diffèrent trop peu des *Pterocolus* pour qu'il soit possible de les élever au rang de sous-genre.

Angers, 15 février 1885.

DESCRIPTION

D'UN NOUVEAU GENRE ET D'UNE NOUVELLE ESPÈCE

DE LA SOUS-FAMILLE

DES CHEYLÉTIENS

PAR

Le Dʳ E.-L. TROUESSART

Genre Cheylurus, *nov. gen.*

Rostre allongé, en cône tronqué, portant (dans les deux sexes), deux palpes grêles dont l'avant-dernier article se termine par un petit crochet recourbé en dedans, ne dépassant pas les mandibules (comme chez la femelle du *Cheyletus heteropalpus*), sans cirre apparente au dernier article; *pattes de la quatrième paire très grosses chez le mâle* et terminées par un seul crochet très fort, formant pince avec celui du côté opposé; pattes de la troisième paire très grêles, terminées, comme les deux pattes antérieures, par des crochets simples, assez grêles, semblables à ceux des autres Cheylétiens. Corps ovale, plus ou moins allongé ou rhomboïdal.

Cheylurus socialis, *nov. sp.*

De très petite taille, à téguments incolores et transparents, les épimères faibles et peu distincts; un seul poil grêle sur les flancs en arrière du sillon thoracique. — *Mâle* ovale, allongé, plus large en arrière, mais l'abdomen terminé par un petit cône court et légèrement tronqué. Pattes de la quatrième paire insérées en dessous, de chaque côté du cône terminal, deux fois et demie plus grosses que celles de la troisième paire, dépassant le cône des trois derniers articles ; la troisième paire plus longue et plus grêle que les deux paires antérieures, à premier article plus fort, insérées en dehors de la quatrième paire à l'extrémité du corps. — *Femelle* plus grande et surtout plus grosse et plus large que le mâle, ovale, sans cône terminal ; les pattes postérieures *insérées sous l'abdomen* qu'elles dépassent seulement du tarse, la quatrième paire très grêle terminée par deux poils, un long et un court, au lieu de deux crochets ; la troisième semblable aux pattes antérieures ; extrémité de l'abdomen portant quatre poils courts en forme de piquant.

Dimensions : mâle, long. : $0^{mm}12$ ($0^{mm}15$ avec les pattes), larg. : $0^{mm}05$; — femelle, long. : $0^{mm}14$, larg. : $0^{mm}09$.

Habitat. — Sur un très grand nombre d'oiseaux appartenant à tous les ordres (Rapaces, Passereaux, Échassiers, Palmipèdes, etc.) ; probablement cosmopolite.

Cette curieuse espèce vit à la manière du *Cheyletus heteropalpus* (Mégnin), sur la peau même des oiseaux, à la base des plumes ; la femelle file une petite toile sous laquelle les jeunes et même les adultes des deux sexes vivent en société. Le mâle s'introduit aussi quelquefois dans le tuyau des plumes à la suite du *Syringophilus bipectinatus* (Norner.)

Ce type forme la transition entre le genre *Cheyletus* et les genres à palpes plus ou moins inermes et à corps vermiforme (*Syringophilus*, *Picobia*). C'est le seul genre connu de la famille des *Trombididæ* qui présente, chez le mâle, une inégalité dans le développement des pattes postérieures, caractère si fréquent, au contraire, dans la famille des Sarcoptides (genres *Analges*, *Analloptes*, *Alloptes*, etc.).

Extrait du *Bulletin de la Société d'Études Scientifiques d'Angers*, 1885, p. 46-91.

Angers, imprimerie Germain et G. Grassin, rue Saint-Laud. — 361-85.

9 782329 684956